Gustav Senn

Die Flora der Westalpen

Verlag
der
Wissenschaften

Gustav Senn

Die Flora der Westalpen

ISBN/EAN: 9783957009289

Auflage: 1

Erscheinungsjahr: 2016

Erscheinungsort: Norderstedt, Deutschland

Hergestellt in Europa, USA, Kanada, Australien, Japan
Verlag der Wissenschaften in Hansebooks GmbH, Norderstedt

Cover: Foto © Ulli Lehner / pixelio.de

Verlag
der
Wissenschaften

Alpen-Flora

von

Dr. G. Senn
Privatdozent an der Univerſität Baſel

Mit 144 farbigen Tafeln nach am Standorte gemalten Aquarellen
von C. Kaſtner, und 151 Textabbildungen

— ---

Weſtalpen

Heidelberg

Carl Winter's Univerſitätsbuchhandlung

Vorwort.

„Wie, fchon wieder eine illuftrierte Alpenflora!“, fo denkt wohl mancher, der die im Handel befindlichen, ähnlichen Bücher kennt. Diefe zeigen aber gerade, welche Schwierigkeiten es der modernen Reproduktionstechnik macht, Pflanzen naturgetreu in Farben wiederzugeben. Jede Vervollkommnung ift daher lebhaft zu begrüßen und zu unterftützen, und fo habe ich mich gerne bereit finden laffen, zu den wirklich guten Reproduktionen vorzüglicher Originale, die mir vom Verlag zur Verfügung geftellt wurden, den Text zu bearbeiten, um fo mehr, als dabei die Möglichkeit geboten war, die Lebensbedingungen, welche die Geftalt der Alpenflora in fo weitgehendem Maße beeinfluffen, kurz zu fchildern und dadurch das Intereffe weiterer Kreife an diefen Fragen zu wecken.

Bei meiner Arbeit lag mir der von Herrn Profeffor Flahault (Montpellier) für die gleichzeitig erfcheinende franzöfifche Ausgabe verfaßte Text vor. Ich habe demfelben außer der Charakteriftik der Arten befonders die Angaben über Verbreitung und Höhengrenzen entnommen. Letztere wurden nach Schröter (Alpenflora, Pflanzenleben) ergänzt. Die formale Artbefchreibung kürzte ich ab, und charakterifierte fie auch durch Kleindruck als etwas in diefem populären Buche Nebenfächliches, da ja in demfelben die Abbildungen die Befchreibungen erfetzen follen. Alles jedoch, was man auch dem beften Bilde nicht anfehen kann: Blütezeit, Art der Beftäubung und Samenausfaat,

Standort und Verbreitung der Arten, ist ausführlicher behandelt und groß gedruckt, da es das gerade für den Laien interessanteste ist. Den Abschnitt über die Lebensbedingungen der Alpenpflanzen habe ich auf Grund eigener Beobachtungen und der Originalliteratur verfaßt, welche ich schon früher für akademische Vorlesungen durchgearbeitet hatte.

Die Geschichte der Alpenflora, welche die oft auffallende geographische Verbreitung der Arten zu erklären versucht, mußte allerdings des Raumes wegen unberücksichtigt bleiben. Sie wird die Einleitung eines in Aussicht genommenen zweiten Bändchens bilden, das in der Auswahl der abgebildeten Pflanzen besonders die Ostalpen berücksichtigen wird.

Sowohl im einleitenden wie in dem die einzelnen Arten behandelnden Teile wurden die botanischen Kunstausdrücke möglichst vermieden. Wo sie der Kürze halber doch zur Anwendung kamen, erläutern die dazugehörigen Abbildungen ihre Bedeutung.

Ich hoffe, daß der Alpenfreund dieses Büchlein als angenehmen und anregenden, von jeder Pedanterie freien Begleiter gerne auf seine Wanderungen mit sich nehmen werde.

Basel, im Juli 1906.

G. Senn.

Literatur.

Jerofch, M. Gefchichte und Herkunft der fchweizerifchen Alpenflora (mit Verbreitungstabelle). Engelmann, Leipzig 1903.

Knuth, P. Handbuch der Blütenbiologie. II. Bd. Engelmann, Leipzig 1898/99.

Schimper, A. F. W. Pflanzengeographie auf phyfiologifcher Grundlage. G. Fifcher, Jena 1898.

Schröter, C. Das Pflanzenleben der Alpen. A. Rauftein, Zürich 1904.

Vogler, P. Über die Verbreitungsmittel der fchweizerifchen Alpenpflanzen. Differtation Zürich 1901. (Auch „Flora" 1901, Bd. 89, Ergänzungsband.)

Warming, E. Lehrbuch der ökologifchen Pflanzengeographie. Bornträger, Berlin 1902.

Ausführliche Angaben über das alpine Klima bei:
Hann, Handbuch der Klimatologie. 2. Aufl. I. Bd. 1897.

Regifter.

Die kurfivgedruckten Zahlen beziehen fich auf den I., allgemeinen Teil, die übrigen Zahlen auf den II. Teil. Fettgedruckte Ziffern weifen auf eine Tafel und ein beigedruckter Stern auf eine Textabbildung.

I.

Allgemeiner Teil.

Wer je aus der Ebene in die Alpen gereift ift, der kennt die allmähliche Veränderung, welche fich mit zunehmender Höhe in der Pflanzenwelt abfpielt. An Stelle der Getreide- und Kartoffeläcker treten faftige Graswiefen, die nach oben vom Bergwald begrenzt werden. Ift man in demfelben einige hundert Meter geftiegen, fo wird er allmählich lichter und geht fchließlich in eine niedere Vegetation von verkümmerten Bäumen oder Sträuchern über, die fich zuletzt in den Alpwiefen und Weiden verliert. Mit diefen ift die Heimat der Alpenflora erreicht.

Diefe Folge von verfchiedenen Pflanzenbeftänden beobachtet man aber nicht nur in den Alpen Europas, fondern in jedem Gebirge, das eine gewiffe Höhe erreicht, in den Anden Amerikas fo gut wie in den mächtigen Gebirgen der afrikanifchen oder afiatifchen Tropenländer. Alle tragen von einer beftimmten Höhe an ihre Alpenfloren, die überall durch den niederen gedrungenen Wuchs und die Fülle der Blüten ausgezeichnet find.

Durch die Tatfache endlich, daß man im hohen Norden am Strande des Meeres diefelben Blumen pflücken kann wie auf den Alpenpäffen, wird man zu der Auffaffung gedrängt, daß die Alpenflora nicht ein Monopol unferer europäifchen Alpen ift, fondern überall da vorkommt, wo ähnliche klimatifche Bedingungen herrfchen.

Den Einfluß derfelben auf die Pflanzenwelt zu erforfchen, bildet eine anziehende Aufgabe der Pflanzenphyfiologie, die gerade in den letzten Jahrzehnten manche intereffante Tatfache aufgedeckt hat. Die Hauptrefultate diefer Forfchungen will ich im Folgenden wiederzugeben verfuchen.

Die Lebensbedingungen
der Pflanzen in den Alpen.

1. Der Luftdruck.

Alle Unterfchiede zwifchen dem Klima der Höhen und des Tieflandes find in letzter Linie auf die mit der Höhe zunehmende Luftverdünnung, refp. auf die Abnahme des Luftdruckes zurückzuführen. Gerade wie in Seen oder im Meere die tieferen Wafferfchichten unter dem Drucke der daraufliegenden ftehen, fo auch die tieferen Schichten des Luftmeeres, auf deffen Grunde wir leben. Da aber im Vergleich zum Waffer die Luft viel ftärker zufammendrückbar ift, zeigt fie in den tiefften Gegenden, am Meeresftrand, eine viel größere Dichtigkeit, als einige taufend Meter über dem Meere. Die Luft wird daher mit zunehmender Höhe dünner, was befonders die Luftfchiffer oft am eigenen Leibe in unangenehmer Weife erfahren müffen. Genauen Auffchluß über die Dichtigkeit refp. den Druck der Luft gibt uns das Barometer, weshalb ja diefes Inftrument zu Höhenmeffungen verwendet wird.

Wie Kulturverfuche im Tieflande mit künftlich verdünnter Luft gezeigt haben, wachfen die Pflanzen bei geringerem Luftdruck rafcher als unter normalen Verhältniffen. Die Luftverdünnung als folche kann alfo nicht den niedrigen Wuchs der Alpenflora hervorrufen, was ja auch die nordifchen Pflanzen beweifen, die, obgleich unter

großem Druck gewachfen, ebenfo niedrig bleiben wie ihre
Verwandten in den Alpen.

Die geringe Dichtigkeit der Luft übt alfo an und
für fich auf das Wachstum der Alpenpflanzen keinen
merkbaren Einfluß aus.

---

2. Die Temperatur.

a. Die Lufttemperatur in den Alpen und ihr Einfluß auf die Pflanzen.

Eine direkte Folge der Luftverdünnung in bedeutenden Höhen ift die für uns befonders fpürbare Abnahme
der Lufttemperatur, weshalb ja gerade der Aufenthalt in
den Bergen als Sommerfrifche bezeichnet wird. Die
Meteorologie hat die wichtige Tatfache feftgeftellt, daß
mit 100 m Steigung das Jahresmittel der Lufttemperatur
durchfchnittlich um 0,57° finkt, oder bei 170 m um
1° Celfius. Diefe Zahl (0,57°), der Temperatur-
gradient, ift allerdings bedeutenden Schwankungen
unterworfen, indem er

$$\text{im Sommer } 0,71°$$
$$\text{im Winter } 0,45°$$

auf der Südfeite der Alpen 0,69°
auf der Nordfeite der Alpen 0,55° beträgt.

Auch an frei auffteigenden Bergen (z. B. Rigi) und
befonders bei freiem Aufftieg im Ballon nimmt die Temperatur rafcher ab als beim Aufftieg in einem Tale. Aus
allen diefen Gründen liegen die Orte mit gleichem Jahresmittel, die man fich durch Linien, die Ifothermen, verbunden denken kann, nicht in gleicher Höhe. Für die
Schweiz z. B. wurde von de Quervain*) feftgeftellt, daß
die Ifothermen der Mittagstemperaturen in den großen
Maffiven der füdlichen Wallifer Alpen (Monte Rofa) und

---

*) Gerlands Beiträge zur Geophyfik. Bd. VI. 1903. Heft 4.

des Engadins beträchtlich höher liegen als in der übrigen
Schweiz, sodaß alfo diefe Gebiete wärmer find, als man
bei ihrer Höhe erwarten follte. Diefe Begünftigung ift
darauf zurückzuführen, daß in diefen hohen, mit tiefen
Tälern durchzogenen Gebieten die tagsüber erwärmte
Luft von den Winden nicht fo rafch weggeführt und
durch kalte erfetzt werden kann, wie dies bei frei-
ftehenden Bergen der Fall ift.

Diefe Wärmeverteilung fpiegelt fich nun in der auf-
fallendften Weife in der fenkrechten Verbreitung der
Pflanzen wieder. Wie in der Einleitung ausgeführt
wurde, beginnt das eigentliche Gebiet der Alpenflora
an der oberen Waldgrenze. Es ift daher wichtig, die
Lage derfelben zu kennen. In verfchiedenen Gegenden
liegt diefelbe in fehr verfchiedener Höhe. So fteigen
z. B. die Alpenpflanzen im hohen Norden bis ans Meeres-
ufer hinab, im Himalaya trifft man fie erft in Höhen an
(3800—4000 m), die in unfern Alpen mit ewigem Schnee
bedeckt find. Wie fchon aus diefen beiden Beifpielen er-
fichtlich ift, wird die Lage der oberen Waldgrenze durch
die Temperaturverhältniffe bedingt, was von de Quervain
durch Feftftellung der Tatfache aufs fchlagendfte be-
wiefen wurde, daß die mittleren Mittagstemperaturen an
der Waldgrenze überall gleich find. Infolgedeffen nimmt
diefelbe im allgemeinen denfelben Verlauf wie die Ifothermen, fodaß auch fie im Monte Rofa-Gebiet und im
Engadin beträchtlich höher liegt als fonft, wie aus folgender Tabelle hervorgeht.

Jura	1400—1600 m,
Voralpen	1650 „
nördliche Hochalpen	1800 „
füdliche Hochalpen	2050 „
franzöfifch-italienifche Alpen, Wallis, Engadin	2200—2300 „.

Die **obere** Grenze der Alpenflora, wenigftens ihres
gefchloffenen Areals, wird durch die Schneegrenze gebildet, die ebenfalls, wenn auch nicht fo genau, mit den

Ifothermen zufammenfällt, fodaß die Schneegrenze mit
der Waldgrenze mehr oder weniger parallel verläuft. Die
Schneegrenze liegt:

Nördliche Hochalpen 2500—2800 m,
Balmhorn bis Finfteraarhorn   2950   „
Montblanc bis Matterhorn   3100   „
Monte Rofa   3260   „
Teffiner Alpen   2750   „
Bernina- und Spöl-Alpen 2960—3000   „ .

Der gefchloffene Beftand der alpinen Flora bildet alfo
in unfern Alpen einen etwa 1000 m breiten Gürtel,
der jedoch befonders nach oben nicht fcharf begrenzt ift.

Weit entfernt davon, daß die Schneegrenze dem
Pflanzenwuchs Halt gebietet, zeigen die fchneefreien
Stellen der über der Schneegrenze gelegenen Höhen eine
befonders charakterifierte und meift befonders farben-
prächtige Flora: die Nivalflora, deren Vertreter auf
die höchften Spitzen hinauffteigen. So wurde wenig
unterhalb des Gipfels des Finfteraarhorns bei 4270 m ein
blühendes Exemplar von *Ranunculus glacialis* (Tafel 3)
gefunden. Damit ift aber die höchfte Grenze für die
Blütenpflanzen noch keineswegs erreicht, da *Saussurea
tridactyla*, eine Verwandte der auf Tafel 76 abgebildeten
Form, in Weft-Tibet noch bei 5800 m wächft, alfo in
einer Höhe, welche von unfern Alpengipfeln gar nicht
erreicht wird.

Es fcheinen allerdings einzelne Pflanzen unferer Alpen
zu ihrer völligen Entfaltung, befonders ihrer anfpruchs-
volleren Organe, der Blüten und Früchte, nicht ftets eine
genügende Wärmemenge zu erhalten, fodaß fie gezwungen
werden, die der Erhaltung ihrer Art dienenden Samen
durch rafcher ausgebildete Organe, die fogenannten Brutknofpen, zu erfetzen. Das auf Tafel 123 A abgebildete
Polygonum viviparum ift ein fchönes Beifpiel hiefür.
Die untere Hälfte der Blütenähre ift meift von zwiebel-
ähnlichen Knöllchen befetzt, die oft fchon auf der Mutter-
pflanze Blätter und Würzelchen treiben, fodaß fie fich

gleich nach ihrem Abfallen zu einem jungen Pflänzchen entwickeln können. Da aber auch Ähren vorkommen, die nur Blüten, oder folche, die nur Brutknofpen tragen, ift zu vermuten, daß äußere Einflüffe die Art der Fortpflanzung beftimmen. Ich nehme an, es fei die niedrige Temperatur, welche den Ausfchlag gibt; es ift jedoch nicht ausgefchloffen, daß zu fchwaches Licht oder zu große Feuchtigkeit, die ja in den Alpen meift gleichzeitig mit niedriger Temperatur eintreten, die Bildung der Blüten hindern und dadurch diejenige der Brutknofpen fördern. Außer bei dem genannten Knöterich kommen gelegentlich folche Brutknofpen bei *Saxifraga stellaris* (II. Teil Seite 50), bei verfchiedenen Alpengräfern und beim *Bärlapp, Lycopodium Selago* (Tafel 144 A), vor.

Die wenigften Alpenpflanzen find übrigens darauf angewiefen, ihren ganzen Entwicklungsgang vom Samen bis zur Fruchtbildung in einem Sommer zu durchlaufen. Da die Mehrzahl der Alpenpflanzen ausdauernd, mehrjährig ift, brauchen fie nicht fchon im erften Sommer Stengel, Blätter und Blüten zu bilden, und gehen jedenfalls nicht, wie die einjährigen Kräuter der Ebene, nach der Fruchtbildung zugrunde. Befonders die Nivalflora (die über der Schneegrenze gedeiht) befitzt nach Heer nur 4 % einjährige Arten, während diefelben in der Ebene etwa 50 %, alfo die Hälfte aller Arten, ausmachen. Daß dabei wirklich die niedere Temperatur und die Kürze der Vegetationsperiode den Ausfchlag gibt, geht aus den Verfuchen Bonniers und Kerners hervor, in denen verfchiedene einjährige Kräuter der Ebene, z. B. das *Stiefmütterchen (Viola tricolor)*, auf alpinem Standorte mehrjährig wurden. Statt am Ende des Sommers Früchte auszubilden, trieben fie Ableger, die überwinterten. Die Pflanzen waren fomit zweijährig geworden.

Überhaupt legen die meiften Alpenpflanzen die Blütenknofpen fchon im Herbft an, fodaß im Frühling ihre Entfaltung in wenigen Tagen vollzogen werden kann.

b. Die Bodentemperatur in den Alpen,
der tägliche Gang der Temperatur und ihr Einfluß auf die Pflanzen.

Neben der allgemeinen Erniedrigung der Lufttemperatur mit zunehmender Höhe find die während
eines Tages eintretenden Wärmefchwankungen befonders
für die Wuchsform der Alpenpflanzen von großer Bedeutung. Weil die dünnere Luft nicht fo viel Wärme
abforbieren kann als die dichtere der Ebene, gelangt eine
größere Wärmemenge bis zum Boden und zu den darauf
befindlichen Gegenftänden. Die Erwärmung derfelben
durch die Sonnenftrahlung ift daher in den Alpen ftärker
als in der Ebene, fodaß wir als Gegenftück zur niedrigen
Lufttemperatur in den Alpen hohe Bodentemperaturen
zu verzeichnen haben. Der Temperaturunterfchied
zwifchen einem befchatteten Ort, an dem nur die Lufttemperatur zur Geltung kommt, und einem befonnten,
an welchem die faft ungefchwächte Sonnenftrahlung
wirkt, ift daher in den Alpen viel größer als in der
Ebene, wie folgende Tabelle zeigt:

Ort	Höhe in m	Temperaturen in Zentigraden (Celfius)		Unterfchied
		im Schatten	an der Sonne	
Witby. England	20	33	38	5
Pontrefina)	1800	27	44	17
Bernina-Häufer } Engadin	2330	19	46	27
Diavolezza)	2980	6	60	54.

Diefe Tatfache fpiegelt fich auch bei der Meffung der
Bodentemperaturen wieder. Die Unterfchiede zwifchen
Boden- und Lufttemperatur find allerdings viel geringer
als die in obiger Tabelle angegebenen, da der Boden
nicht fchwarz ift, wie das bei diefen Meffungen ver-
wendete Thermometer, und da er von der Luft ftets
abgekühlt wird, was bei obigen Meffungen vermieden
wurde.

Ort	Höhe in m	Temperaturen in Zentigraden (Celſius)		Unterſchied
		der Luft	der Bodenoberfläche	
Brüſſel	50	21	20	— 1,
Gipfel des Faulhorns	2680	8	16	+ 8.

Während alſo die Temperatur der Luft auf dem Faulhorn 13° niedriger iſt als in Brüſſel, ſteht die Bodentemperatur nur um 4° zurück. In den nordiſchen Ländern, z. B. in Spitzbergen, iſt dagegen die Bodentemperatur um 1° niedriger als die Lufttemperatur, weil die Sonnenſtrahlen ſehr ſchief auf den Boden treffen.

Allerdings iſt der Boden nicht imſtande, die tagsüber aufgenommene Wärme lange feſtzuhalten, da die Alpenluft keine ſo dichte, warmhaltende Decke über ihn ausbreitet, wie dies die dichtere Luft der Ebene tut. So beträgt auf dem Hohen Sonnblick in Kärnten (3100 m) die nächtliche Wärmeausſtrahlung faſt das Doppelte von derjenigen in Zürich (450 m).

Damit ſich das Wachstum der Pflanze vollziehen kann, iſt eine gewiſſe Temperatur notwendig, deren Höhe allerdings bei den verſchiedenen Pflanzen verſchieden iſt. So beginnt z. B. das Wachstum des *Weizens* bei — 5° C, ſteigt bis zu + 29° C; nimmt von da an wieder ab, um bei + 42° C ganz aufzuhören. Bei Pflanzen wärmerer Gegenden, z. B. dem *Mais*, beginnt das Wachstum erſt bei + 9° C und hört bei + 46° C auf. Meines Wiſſens ſind dieſe Temperaturgrenzen für das Wachstum eigentlicher Alpenpflanzen noch nicht beſtimmt worden. Da aber der Weizen mit ſeinem Wachstumsbeginn bei — 5° C nirgends in die Alpenregion hinaufſteigt, iſt anzunehmen, daß die Alpenpflanzen bei ebenſo tiefen, vielleicht noch tieferen Temperaturen zu wachſen beginnen.

Ein hübſches Beiſpiel für das Wachstum bei niederer Temperatur liefert das *Alpenglöcklein, Soldanella* (Tafel 95), das zuweilen mit ſeinem Blütenſchaft, wohl dank ſeiner Atmungswärme, Öffnungen in die Schneedecke ſchmilzt und die Blüten über dem Schnee entfaltet, während Blätter

und Wurzeln vom Schnee bedeckt und vom kalten Schmelz-
waſſer beſpült werden.

Die mitgeteilten Zahlen über Luft- und Bodentemperaturen geben uns wichtige Aufſchlüſſe über die von der
Wachstumsgeſchwindigkeit abhängige Größe der Alpenpflanzen. Da, wie wir ſpäter (S. 14) ſehen werden, die
Pflanzen hauptſächlich nachts wachſen, ſind wenigſtens
ihre oberirdiſchen Teile von der Lufttemperatur in den
Alpen wenig begünſtigt. Das Wachstum der Stengel
und Blätter iſt daher ſo gering, daß die Gewächſe, auch
ſolche, die aus der Ebene in die Alpen verpflanzt wurden,
niedrig und kurzſtengelig bleiben, und daß die aus dem-
ſelben Grunde klein bleibenden Blätter meiſtens dicht
gedrängt an den Stengeln ſtehen, öfters zu grundſtändigen
Roſetten vereinigt.

Unter günſtigeren Bedingungen vollzieht ſich das
Wachstum der unterirdiſchen Teile, der Wurzeln. Wie
wir Seite 7 geſehen, ſtehen die in den Alpen beobachteten Bodentemperaturen hinter denjenigen der Ebene
nur wenig zurück, sodaß die Wurzeln in ihrem Längenwachstum nicht gehemmt ſind wie die oberirdiſchen Teile,
um ſo weniger, als ſie, dem Licht entzogen, auch am
Tage bei ſtark erwärmtem Boden wachſen können. Infolgedeſſen beſitzen die Alpenpflanzen ein reichent-
wickeltes Syſtem von Wurzeln, deren Länge im Vergleich
mit den oberirdiſchen Teilen unverhältnismäßig groß iſt.
Die Kulturverſuche von Bonnier*) mit Pflanzen der Ebene
auf alpinem Standorte haben ſogar gezeigt, daß die unterirdiſchen Teile in den Alpen abſolut größer und ſtärker
werden als an den Exemplaren der Ebene, obwohl deren
oberirdiſche Teile fünf- bis ſechsmal größer ſind als bei den
in den Alpen gewachſenen Exemplaren derſelben Art. Obwohl zu dieſer mächtigen Wurzelentwicklung der Alpenpflanzen, wie wir (S. 16 und S. 38) ſehen werden, auch

---

*) G. Bonnier, Annales des Sciences naturelles. Bo-
tanique. 7. Serie. XX. 1894.

die guten Ernährungsverhältniffe beitragen, wird fie doch
erft durch die hohe Bodentemperatur und die Abwefenheit des Lichtes ermöglicht.

Der niedrige Wuchs der Alpenpflanzen wird fomit
in erfter Linie durch die niedrige Temperatur bedingt,
die ja auch die hervorragendfte Eigenfchaft der nordifchen
Klimate bildet, welche teilweife diefelben, jedenfalls auch
nur zwergige Pflanzen beherbergen.

Eine befondere Art des Zwergwuchfes, den fogenannten
Spalierwuchs, zeigen faft alle Holzpflanzen der alpinen
Region, fo die *Alpweiden* (Tafel 127), der *Wacholder*
(Tafel 129) und andere. Derfelbe kommt dadurch zuftande, daß fich die jungen Triebe nicht fenkrecht erheben,
fondern fich dem Boden oder den Steinen anfchmiegen,
wahrfcheinlich durch deren höhere Temperatur angezogen
(Thermotropismus). Sollte diefe Auffaffung durch Verfuche als richtig erwiefen werden, fo wäre der Spalierwuchs als eine Schutzmaßregel gegen die niedrigen Luft-
temperaturen aufzufaffen.

c. Die Verteilung der Wärme
im Laufe des Jahres und ihr Einfluß auf
die Alpenpflanzen.

Für die Pflanzen ift nicht nur die Verteilung der
Wärme auf einem Berge oder während eines Tages von
Bedeutung, fondern ebenfofehr der Gang der Temperatur
im Laufe des Jahres. In erfter Linie ift die Dauer der
fchneefreien Zeit von Wichtigkeit. Kerner hat aus
16jährigen Beobachtungen folgende Zahlen für die Schat-
tengrenze des mittleren Inntales berechnet:

        bei   600 m   9 Monate fchneefrei,
         „   1000 „   8   „   „
         „   1500 „   6   „   „
         „   2000 „   4   „   „
         „   2500 „   2   „   „
         „   2900 „   ½   „   „

Dabei ſtellt ſich die Sonnenſeite natürlich beſſer als die Schattenſeite, und zwar ſo, daß bei 100 m Steigung die ſchneefreie Zeit auf der Südſeite nur um 10 Tage, in Nordlage aber um 11 ½ Tage kürzer wird.

Infolge der ſpäten Schneeſchmelze in der Höhe iſt die Dauer eines Frühlingstages in den Alpen bedeutend länger als in der Ebene, wobei außerdem die Sonne ſchon viel höher ſteht, was ſich beides in der Luft-temperatur bei der Schneeſchmelze deutlich widerſpiegelt; ſie beträgt:

$$bei \quad 600 \text{ m} \quad -\ 0{,}7\ ^0\ C$$
$$„ \quad 1000 \quad „ \quad +\ 5{,}1\ ^0\ C$$
$$„ \quad 1500 \quad „ \quad +\ 6{,}2\ ^0\ C$$
$$„ \quad 2000 \quad „ \quad +\ 7{,}0\ ^0\ C.$$

Infolgedeſſen unterſcheidet ſich der Alpen- vom Talfrühling bedeutend. Während die Schnee- oder Winterpflanzen, welche während oder gleich nach der Schneeſchmelze aus dem Boden hervorbrechen und ihre Blüten entfalten, in der Ebene nur in kleiner Zahl vorhanden ſind (z. B. der *Winterling, Eranthis*, und die *Weihnachtsroſe, Helleborus niger*), prangen infolge der ver-hältnismäßig langen Tage und der hohen Lufttemperatur die Alpenmatten im dichteſten Flor, ſobald der Schnee auch nur teilweiſe das Feld geräumt. Von den etwa acht dieſe alpine Schneeflora bildenden Pflanzen ſeien folgende genannt: *Soldanella alpina* und *puſilla* (Tafel 95), der weißblütige *Ranunculus alpestris* (II. Teil S. 2), *Ane-mone vernalis* (II. Teil S. 4), *Gagea Liottardi* (Tafel 131 A), *Alchemilla pentaphyllea* (II. Teil S 41).

Größeren Anſpruch an Wärme macht die nach völligem Verſchwinden des Schnees erſcheinende alpine Frühlingsflora, zu welcher etwa folgende Arten ge-hören: *Ranunculus montanus* (II. Teil S 2), *Gentiana bavarica* (Tafel 105 A), *Gentiana verna* (Tafel 105 C), *Primula farinosa* (Tafel 98 B), *Oxyria digyna* (Tafel 123 B), welchen in der Ebene *Schnee-* und *Märzglöckchen* und *Schlüſſelblumen* entſprechen.

Die Blütezeit diefer beiden mit fo wenig Wärme zufriedenen Gefellfchaften rückt parallel mit der Schneefchmelze aus den tieferen in die höheren Lagen empor, bis dann von der Schneegrenze an aufwärts alles zugleich blüht: Schneeflora, Frühlingsflora und die nur einen kurzen Sommer genießende Nivalflora. Hier ift es alfo, „wo der Herbft und der Frühling fich gatten‟, fodaß wir nur im gefchloffenen Beftand der Alpenflora, unterhalb der Schneegrenze einen Frühling, Sommer und Herbft unterfcheiden können.

Der Alpenfommer ift durch das Blühen des Hauptkontingents der Alpenpflanzen charakterifiert, deren Aufzählung viel zu weit führen würde; es fei nur an die großen Familien der *Papilionaceen* (Tafel 25 ff.), *Saxifrageen* (Tafel 49 ff.), *Kompofiten* (Tafel 62 ff.), *Scrophulariaceen* (Tafel 111 ff.) und *Orchideen* (Tafel 136 ff.) erinnert.

Der Herbft, d. h. die Fruchtreife, fällt etwa mit dem der Ebene zufammen. Genaue Angaben über den Beginn der Fruchtreife in den Alpen fehlen allerdings noch, aber es muß jedem Befucher der Alpen auffallen, wie bald die Blütenpracht vorüber ift, und wie fchon anfangs September manche Pflanzen ihre Früchte gezeitigt haben. Dies ift auch notwendig, da allerdings vorerft nicht die Kälte, fondern die Trockenheit des Bodens dem Stoffwechfel der Pflanzen bald ein Ende bereitet. Mit dem endgültigen Einfchneien beginnt dann der lange Alpenwinter.

Es ift alfo den Pflanzen der Alpenregion für ihren ganzen Entwicklungsgang im Vergleich zu denjenigen der Ebene eine kurze Spanne Zeit gewährt, was befonders in der Breite der Jahresringe in den Stämmchen der Holzpflanzen zur Geltung kommt. Während man bei Tannen- oder Wacholderftämmen tieferer Standorte die Jahresringe ohne weiteres zählen kann, ftehen fie in den Stämmen aus höherer Lage fo dicht, daß man fich beim Zählen derfelben eines Vergrößerungsglafes be-

dienen muß. Die Pflanze braucht die während der
kurzen Periode aktiven Lebens gefammelten Stoffe für
die Ausbildung der nahrungsaufnehmenden (Wurzeln,
Blätter) und der famenbildenden (Blüten) Organe, und
kann fich daher den Luxus eines mächtigen Holzkörpers
nicht leiften; daher der Mangel an Baumwuchs in der
alpinen Region.

Aus alledem ergibt fich, daß die in den Alpen lebenden Pflanzen keine großen Anfprüche auf Wärme machen
dürfen. Ihrer Fähigkeit, fchon bei niedrigen Temperaturen zu wachfen, verdanken fie ihr Gedeihen in fo bedeutenden Höhen wie ihre Verwandten in den polaren
Ländern. Die Alpenflora ift alfo eine ausgefprochene
Kälteflora.

---

3. Das Licht.

Da die Luft nicht nur die Wärme-, fondern auch
die Lichtftrahlen zu abforbieren vermag, hängt auch die
Menge des auf den Erdboden gelangenden Lichtes von der
Luftmenge ab, die es vorher durchdrungen hat. Die mit
zunehmender Höhe eintretende Abnahme der Luftfchicht,
welche auf dem Boden ruht, hat auch eine Abnahme
der Lichtabforption zur Folge; die Sonnenftrahlung nimmt
daher zu, und zwar noch rafcher als die Abnahme des
Luftdruckes. Es kommt nämlich noch ein Zweites hinzu.
Wie wir fpäter fehen werden, ift dünne Luft nicht imftande, viel Wafferdampf aufzunehmen. Da nun derfelbe
viel Licht abforbiert, in der Alpenluft aber in viel kleinerer Menge vorhanden ift als in der Ebene, gelangen
in der Höhe die Sonnenftrahlen faft ungefchwächt auf
den Boden, was gleichzeitig ausgeführte Beobachtungen
von Violle und Margottet in verfchiedenen Höhen des
Montblanc-Gebietes ergeben haben.

Setzten fie die bis zur äußeren Grenze unferes Luftmeeres gelangende Menge des Sonnenlichtes gleich 100,
fo ergaben ihre Meffungen folgende Zahlen:

	Höhe in m	Luftdruck in mm	Dampffpannung in mm	Lichtmenge in %
Montblanc-Gipfel	4810	430	1,0	94
Grands Mulets	3050	533	4,0	89
Boffongletfcher	1200	661	5,3	79
Paris	60			68.

In der Ebene (Paris) gelangen fomit nur etwa $^2/_3$
der urfprünglichen Lichtmenge bis zur Erdoberfläche,
während fchon in den Voralpen (1200 m) die Pflanzen $^4/_5$,
an der Schneegrenze $^9/_{10}$ der urfprünglichen Lichtmenge
genießen.

Dies allerdings nur bei wolkenlofem Himmel! Bei
der ftarken Bewölkung, die fich in den Alpen befonders
im Sommer geltend macht, und bei den vielen Nebel-
tagen (67 und darüber im Sommerhalbjahr) fällt natürlich der Lichtgenuß nicht fo groß aus. Trotzdem herrfcht
in den Alpen, was ja jeder Amateurphotograph weiß,
auch bei trübem Wetter ftärkeres Licht als in der Ebene.

Der Einfluß des alpinen Lichtes auf die Pflanzen.

Da die grünen Pflanzen mehr als alle andern Organismen, befonders bei ihrer Ernährung, vom Licht abhängig find, ift es begreiflich, daß fie für Helligkeitsunter-
fchiede empfindlich find und entfprechend reagieren.

a. Der Stengel.

Es ift eine bekannte Tatfache, daß die Stengel,
welche die Kartoffeln im dunkeln Keller treiben, viel
länger find als diejenigen der auf den Feldern wachfenden
Kartoffelftauden. Dies tritt befonders deutlich hervor,
wenn man die zwifchen je zwei Blättern befindlichen
Stengelftücke, die Stengelglieder oder Internodien, miteinander vergleicht. Ihr Längenunterfchied wird, wie genaue Unterfuchungen ergaben, durch die Unterfchiede

in der Lichtſtärke hervorgerufen, indem das Licht das
Wachstum hemmt, und zwar um ſo mehr, je ſtärker es iſt.
Die Alpenpflanzen, deren Stengel während der Nacht infolge der niederen Lufttemperatur nicht wachſen können,
werden bei Tage, da höhere Temperatur herrſcht, durch
das ſtarke Licht am Wachstum verhindert. Die Folge
davon iſt ihr kurzer gedrungener Wuchs, der häufig
auch bei ſolchen Pflanzen zu Raſen- und Roſettenbildung
führt, deren Verwandte in der Ebene hochſtengelig und
gleichmäßig beblättert ſind, ſo z. B.: *Achillea nana* (Tafel
73 A) und *Silene acaulis* (Tafel 19 B).

Werden jedoch ſolche Pflanzen in der Ebene kultiviert, ſo verlängern ſich die Stengel; beim *Edelweiß*
ſtreckt ſich auch der Blütenſtand, ſodaß der an alpinen
Exemplaren gedrungen erſcheinende Stern zerfahren aus-
ſieht. Wird dagegen am Ebenenſtandort das Alpenklima
dadurch nachgeahmt, daß die Pflanze nachts in den
Eisſchrank und tagsüber möglichſt ſonnig geſtellt wird,
ſo bleibt auch der gedrungene Wuchs erhalten.

Umgekehrt verkürzen die Pflanzen des Tieflandes
im alpinen Klima ihre Stengel, was durch Verkürzung
der einzelnen Stengelglieder und durch Verringerung ihrer
Zahl erzielt wird; zugleich tritt auch die Verzweigung viel
ſtärker hervor. So kultivierte Kerner*) eine weißblühende
Doldenpflanze (*Seseli Libanotis*, ähnlich der auf Tafel 58
abgebildeten) in einigen Exemplaren in Wien und in
ſeinem alpinen Verſuchsgarten am Blaſer (Tirol) bei
etwa 2000 m Höhe. Die Meſſungen der Pflanzen ergaben:

	Wien	Blaſer
Stengelhöhe	100 cm	15—24 cm
Zahl der Stengelglieder	10	5
Länge jedes Stengelgliedes	10—20 cm	2—5 cm
Urſprung der Äſte	aus den mittleren und oberen Blattwinkeln	aus allen Blattwinkeln
Zahl der Blütendolden	20	5.

*) Kerner, Pflanzenleben. Bd. II. Seite 501 ff. (I. Aufl.)

Das alpine Licht (verbunden mit der niederen Temperatur während der Nacht) erzeugt alfo kürzere und weniger zahlreiche Stengelglieder, jedoch eine frühere und ftärkere Verzweigung, wodurch die gedrungenbufchigen Wuchsformen entftehen.

b. Die Wurzeln.

Daß die im Boden fteckenden Wurzeln bei ihrem Wachstum vom Licht nicht gehemmt werden, liegt auf der Hand. Diefem Umftand und der befonders während des Tages erhöhten, aber auch nachts nicht fehr tiefen Bodentemperatur verdanken die Wurzeln der Alpenpflanzen ihre bedeutende Entwicklung. (Vergleiche auch Seite 8 und Seite 38.)

c. Die Blätter.

Die Blätter, welche eigentlich die mit Sonnenenergie betriebenen Laboratorien der Pflanze darftellen, find begreiflicherweife der Zufuhrmenge der Betriebsenergie, der Lichtmenge, angepaßt. Schon an Pflanzen des Tieflandes, z. B. den *Eichen*, kann man die an der Oberfläche der Krone gewachfenen Sonnenblätter von den im Innern entftandenen an Form und Dicke unterfcheiden. Sie find meift tiefer gelappt und zugleich dicker. Allerdings ift ihre Geftalt in erfter Linie von den Feuchtigkeitsverhältniffen abhängig (vergleiche S. 35), ihre Größe und Dicke wird jedoch, wie die Verfuche Bonniers erwiefen haben, durch die Lichtftärke bedingt. Starkes Licht hemmt nämlich nicht nur das Längenwachstum der Stengel, fondern auch das Flächenwachstum der Blätter, fodaß diefelben an den Alpenpflanzen allgemein kleiner find als an den Tieflandpflanzen. Was aber an Größe verloren geht, wird durch größere Dicke (zuweilen faft die doppelte) und durch eine zweckmäßigere innere Einrichtung, eine leiftungsfähigere Organifation erfetzt. So intereffant gerade letztere ift, muß ich doch verzichten, näher auf fie einzugehen, da fie nur dem mit einem Mikrofkop bewaffneten Auge zugänglich ift.

Wie die Stengel, fo verlieren auch die Blätter der Alpenpflanzen in der Ebene ihre alpine Form und Struktur, während fich umgekehrt die Blätter von Tieflandpflanzen auf alpinem Standorte den dafelbft herrfchenden Lichtverhältniffen anpaffen, wenn fie nicht, wie dies bei einzelnen Formen feftgeftellt wurde, in dem ihnen zu ftarken Alpenlicht vergilben und zugrunde gehen (Leinpflanze).

Jedenfalls find die Blätter der Alpenpflanzen trotz ihrer Kleinheit vorzügliche Ernährungsorgane. Genaue Unterfuchungen über die Menge der in beftimmter Zeit verarbeiteten Kohlenfäure der Luft und die daraus gebildete Menge von Zucker und Stärke fehlen allerdings vorläufig, doch kann der Reichtum der Alpenpflanzen an folchen Stoffen aus andern Tatfachen abgefchätzt werden.

Daß das Alpenheu viel kräftiger ift als dasjenige der Ebene, geht fchon aus dem viel reicheren Ertrag der alpinen Milchwirtfchaft hervor.

Außerdem übertrifft auch die Honigausfcheidung in den Blüten der Alpenpflanzen diejenige der Tieflandpflanzen beträchtlich, was fchon aus einer Bienenzuchtftatiftik des franzöfifchen Département des Pyrénées hervorgeht, das vom Meeresfpiegel bis zu 1500 m faft 20 000 ziemlich gleichmäßig verteilte Bienenftöcke befitzt. Der Honigertrag eines Stockes beläuft fich durchfchnittlich

<pre>
bei   0—300   m auf 3 kg,
„   300- 600   „   „ 4 „
„   600—900   „   „ 5 „
„   900—1200   „   „ 7 „
„   1200—1500   „   „ 9 „ .
</pre>

Obwohl dabei die alpine Höhe noch gar nicht erreicht ift, hat fich der Ertrag bei 1500 m dem Tieflande gegenüber verdreifacht, was auf einen größeren Honiggehalt der Bergblumen zurückgeführt werden muß, da z. B. der Sporn der Orchideenblüte, der als Honigrefervoir dient, bei der weißblütigen *Platanthera* in der Ebene nur zu einem Drittel, auf den höheren Stand-

orten bis über die Hälfte feiner Länge mit dem köftlichen Stoff gefüllt ift.

Einen ebenfalls indirekten, aber fehr wichtigen Be-
weis für den Zuckerreichtum der Alpenpflanzen liefert
die Tatfache, daß ihre Stengel und Blätter, und fehr oft
auch die Blüten, rotviolett gefärbt find. Der diefe Färbung
hervorrufende Farbftoff, welcher, wie z. B. das *Vergiß-
meinnicht* zeigt, fehr leicht in Blau übergehen kann, wird
als A n t h o c y a n bezeichnet. Er befindet fich in wäß-
riger Löfung in der Pflanze, weshalb er beim Trocknen
derfelben meiftens verdirbt, während die an Körnchen
gebundenen gelben und grünen Farbftoffe viel weniger
veränderlich find. Laboratoriumsverfuche haben nun gezeigt, daß manche Pflanzen, die gewöhnlich kein Anthocyan bilden, imftande find, dies zu tun, fobald man
ihren Zuckergehalt erhöht, was in der Natur befonders
durch ftarke Belichtung gefchieht, die die Verarbeitung
der Kohlenfäure zu Zucker fördert. Diefer Fall tritt ftets
ein, wenn Gewächfe des Tieflandes in alpine Höhen
verpflanzt werden. Es ift deshalb ganz allgemein eine
Zunahme des Anthocyans zu konftatieren, indem die
Farbe blauer oder roter Blüten gefteigert wird, oder fonft
grüne und farblofe Organe, z. B. weiße Blüten, Anthocyan ausbilden. Letztere find daher bei Arten mit weiter
Verbreitung am tiefen Standorte weiß, in der Höhe dagegen rot, wofür der große *Bibernell* (*Pimpinella magna*,
Tafel 58) ein treffendes Beifpiel liefert. Tritt in grünen
Pflanzenteilen rotes Anthocyan auf, fo erfcheinen diefelben
rotbraun. So zeigten die weißen *Margueriten* unferer
Felder im Alpengarten Kerners rotbraune Blätter und
rote Blüten.

Mit der ftarken Ernährung der Alpenpflanzen fteht
auch der ftarke Duft vieler alpiner Arten im Zufammen-
hang. *Daphne striata* (Tafel 125 B), *Nigritella angustifolia* (Tafel 136) und *Gymnadenia odoratissima* (Seite 137)
ftrömen einen Vanillegeruch aus, wie er keiner unferer
Tieflandpflanzen in folchem Grade zukommt.

Alle diese Eigenschaften verdanken die Alpenpflanzen der großen Lichtfülle, welche von den Blättern in so vollkommener Weise zur Bildung von Zucker und der daraus bereiteten Stoffe verwertet wird.

d. Die Blüten.

Der Einfluß des alpinen Lichtes auf die Blüten ist nicht minder auffallend als derjenige auf die Blätter. Es ist eine allen Blumenfreunden bekannte Tatsache, daß die Pflanzen zur Ausbildung von Blüten mehr Licht bedürfen als zur Bildung von Stengeln und Blättern. Es gelang sogar schon, eine Pflanze 7 Jahre lang in schwachem Lichte zu üppigem Wachstum zu veranlassen, ohne daß sich je eine Blütenknospe gezeigt hätte. Starkes Licht fördert somit die Blütenbildung, während es zugleich das Wachstum von Stengel und Blättern hemmt. Dementsprechend trägt in den Alpen fast jeder Zweig Blüten, wodurch bei der starken Verzweigung der alpinen Gewächse (vergleiche Seite 14) eine verhältnismäßig große Zahl von Blüten erzeugt wird.

Auch zeitlich sind die Blumen der Alpenpflanzen den Tieflandpflanzen gegenüber im Vorsprung. Letztere blühen, in die Alpen verpflanzt, früher als an ihrem tiefen Standort, obwohl die Bildung von Stengeln und Blättern später erfolgt als im Tale. Mehrere Arten mit weiter Verbreitung blühen deshalb in den Alpen schon im Juli, so z. B. *Parnassia palustris* (Tafel 16 B) und *Gentiana germanica* (II. Teil S. 107), während sie auf den Hügeln der Ebene erst einen Monat später ihre Blüten entfalten.

Häufig hört man auch von der auffallenden Größe der Alpenblumen sprechen. Genaue Messungen haben jedoch gezeigt, daß die Blüten in den Alpen meist nicht größer, sondern kleiner werden als am tieferen Standort, und nur im Verhältnis zur Kleinheit ihrer Träger groß erscheinen.*) Ein bekanntes Beispiel hiefür ist das Herz-

---

*) R. Keller. Die Blüten alpiner Pflanzen, ihre Größe und Farbenintensität. B. Schwabe. Basel 1887.

blatt, *Parnassia palustris* (Tafel 16 B), deffen Blütendurch-
meffer in der Ebene 2,3—3,4 cm, in den Alpen dagegen
nur etwa 2 cm beträgt, wobei die ganze Pflanze in
der Ebene bis 30 cm, in den Alpen nur 10 cm erreicht.
Die Kleinheit der Blumenblätter alpiner Blüten ift fchon
deshalb zu erwarten, weil ja auch die g r ü n e n Blätter
in der Alpenregion an Größe abnehmen.

Wenn man alfo auch den Alpenpflanzen den Ruhm
befonderer Blütengröße abfprechen muß, ift derjenige der
größeren Farbenintenfität über jeden Zweifel erhaben.
Der Reichtum an rotem Farbftoff, dem Anthocyan, der
bereits für alle Organe der Alpenpflanzen hervorgehoben
wurde, kommt in den Blüten am ftärkften zur Geltung.
Nicht nur find alle auf alpinem Standort entwickelten
Blüten ftärker gefärbt als die im Tieflande gewachfenen;
nicht nur erhalten Pflanzen, die unten weiß blühen, in
den Höhen rote Blumen, fondern es entftehen auch neue
Farben, die wir in der Ebene umfonft fuchen. Tritt
nämlich in einer Blüte, die in der Ebene gelb gefärbt ift,
neben die gelben Farbftoffkörnchen noch das rote Anthocyan, fo entfteht ein leuchtendes, fattes Orangerot, das
unferer Ebenenflora fehlt. Als Beifpiele feien die auf
Tafel 78 und 81 abgebildeten *Crepis aurea* und *Hieracium aurantiacum* genannt.

Es find aber nicht nur die einzelnen Blüten der
in der Höhe gewachfenen Pflanzen ftärker gefärbt als
diejenigen der Ebene, fondern ganze Familien (befonders
folche, die an die intelligenteren Infekten angepaßt find)
befitzen in den Alpen mehr rote Blüten als im Tiefland.
Für die Schweiz wurden z. B. bei den *Primulaceen*
(Tafel 25 ff.) durch Keller folgende Verhältniffe feftgeftellt:

	Alpen		Ebene	
weißblühende Arten	25	$\Big\}\,33\,\%$	11	$\Big\}\,55\,\%$
gelb „ „	8		44	
blau „ „	4 %		6 %	
violett „ „	25 %		6 %	
rot „ „	38 %		33 %	

Während alfo die blauen Blüten in beiden Gebieten ungefähr in demfelben Verhältnis vertreten find, gehen die gelben und weißen in den Alpen zugunften der violetten und roten bedeutend zurück. Dies gilt auch für die *Cruciferen* und *Scrophularineen*. Angeßichts unferer Erfahrungen über die Bildungsbedingungen des roten Farbftoffes, des Anthocyans, wird wohl niemand die Anßicht für unbegründet halten, daß man in diefem ftarken Hervortreten roter Blüten einen Erfolg der jahrtaufendelangen Wirkung des ftarken Alpenlichtes erblicken müffe.

Zufammenfaffend kann fomit gefagt werden, daß alles, was uns die Alpenpflanzen wertvoll (gutes Heu, viel Honig) und angenehm macht (viele fchön gefärbte Blumen mit gutem Geruch), eine Wirkung des ftarken Höhenlichtes ift. Die Alpenflora ift fomit nicht nur als eine Kälteflora, fondern auch als eine ausgefprochene Lichtflora zu bezeichnen.

----

4. Die Infekten.

Lange bevor ein Botaniker den Unterfchied zwifchen Blumen aus tieferen Gegenden und den in den Alpen gewachfenen in Farbe, Geruch und Honigreichtum feftgeftellt hatte, kannten ihn die Infekten, welche auf ihre Weife Botanik trieben. Diefelbe befteht darin, daß fie fich die Blumen merken, die ihnen zugänglich find, und die ihnen am meiften Honig darbieten. Sie werden dabei, wie neuere Verfuche gezeigt haben, hauptfächlich durch ihren Sinn für Geruch und Farbe, einige auch durch ihren Formenfinn geleitet.

Man ift leicht verfucht, in der Honigausfcheidung der Blumen die vorforgliche Hand der Mutter Natur zu erblicken, welche das Pflanzengefchlecht veranlaßt, ihren fechsbeinigen Kinderchen, den Infekten, eine mühelofe Befchaffung unentgeltlicher Nahrung zu ermöglichen.

Aber ebenfowenig wie wir Stadtleute erhalten die
Schmetterlinge und Bienen den Honig gefchenkt. Denjenigen Pflanzen, bei welchen die Befruchtung nicht
wie z. B. bei den Gräfern durch den Wind vermittelt
werden kann, erweifen fie allerdings unbewußt mit
ihrem Honigfammeln den wichtigen Dienft, den an ihren
Haaren abgeftreiften Blütenftaub aus der einen Blüte auf
den Stempel einer andern derfelben Art zu bringen,
wodurch die Befruchtung vollzogen wird. Denn obwohl
beide Organe, die männlichen Staubgefäße und die weiblichen Stempel, meift in einer Blüte vereinigt find und
dicht beifammen ftehen, ift es doch in vielen Fällen
unmöglich, daß der Blütenftaub zu der Narbe und von
ihr zu den im Fruchtknoten enthaltenen Eiern der
Pflanze gelange.

Jedenfalls ift, wie zuerft Darwins Verfuche gezeigt
haben, eine Befruchtung mit Blütenftaub aus einer an-
deren Blüte, die fogen. Fremdbeftäubung, vorteil-
hafter als die Befruchtung mit Staub aus derfelben Blüte,
als Selbftbeftäubung, indem fchon in der zweiten
Generation bei Fremdbeftäubung mehr Früchte und aus
deren Samen kräftigere Individuen entftehen als bei
Selbftbeftäubung. Aus diefem Grunde können die durch
Fremdbeftäubung entftandenen Individuen die übrigen
zurückdrängen, fodaß gerade diejenigen Eigentümlichkeiten
der Blumen beibehalten werden, welche die Fremdbeftäubung durch Infekten begünftigen. Letztere werden
fomit zu eigentlichen Blumenzüchtern. Dabei ift es allerdings noch völlig dunkel, welcher Faktor bei den Infekten
den Anftoß zur Ausbildung der für den Blumenbefuch
fo günftigen Mundwerkzeuge gegeben hat. Jedenfalls
fteht feft, daß zwifchen Blumen und Infekten innige Beziehungen beftehen, deren Aufklärung fich die fogen.
Blütenbiologie*) zur Aufgabe geftellt hat. Es kann fich

---

*) Müller, Herm. Alpenblumen, ihre Befruchtung
durch Infekten und ihre Anpaffungen an diefelben. Leipzig.
Engelmann 1881.

hier nur darum handeln, die Hauptergebniffe diefer Disziplin anzudeuten, foweit fie für unfere Zwecke in Betracht kommen.

Da der Blütenftaub nur in einer Blüte der gleichen Art befruchtend wirken kann, wird dadurch noch keine erfolgreiche Beftäubung erreicht, daß die Infekten Honig oder Blütenftaub fuchend von Blume zu Blume fliegen. Ihre Befuche find für die Blüten wertlos, fo lange die Infekten nicht öfters bei folchen von derfelben Art ankehren. Es ift daher vorteilhaft, wenn dafür geforgt wird, daß ein beftimmtes Infekt nur einen kleinen Kreis von Blumen befucht, wodurch die Chance einer erfolgreichen Beftäubung erhöht wird. Dies erreichen die Blüten durch Geruch und Farbe, indem, wie es fich herausgeftellt hat, jede Infektengruppe (vielleicht infolge ihrer Blumenbefuche) ihre Lieblingsfarben und -gerüche hat. So findet man auf grünen, weißen und gelben Blüten vorwiegend Käfer und Fliegen oder kurzrüßlige Bienen, bei den blauen und violetten befonders Hummeln und langrüßlige Bienen, auf den roten vorwiegend Falter.

Als niederfte Stufe der gegenfeitigen Beziehungen muß aus verfchiedenen Gründen diejenige betrachtet werden, auf welcher die Infekten den zur Befruchtung beftimmten Blütenftaub wegen feines Reichtums an Nährftoffen verzehren und dabei einen Teil desfelben an ihren Haaren in andere Blüten tragen. So lange der Blütenftaub (oder Pollen) in größer Menge ausgebildet wird, wie bei den *Anemonen* (Tafel 4—6) oder *Rosen* (Tafel 43), ift es ohne Belang, wenn auch ein Teil desfelben feiner urfprünglichen Beftimmung entfremdet und verfpiefen wird. Man bezeichnet diefe an Blütenftaub reichen, honiglofen Blüten als **Pollenblumen**. Sie find befonders häufig weiß oder gelb gefärbt und werden meift von kurzrüßligen Infekten, Käfern und Fliegen befucht, feltener auch von Bienen und Faltern, die hier ihren Bedarf an Blütenftaub decken.

Sind jedoch nur wenige Staubbeutel vorhanden, fo

könnte das Auffreffen des Blütenftaubes die Befruchtung
verhindern. Da find diejenigen Blumen im Vorteil, die
den Infekten noch etwas Befferes als Blütenftaub, die
ihnen Honig liefern können. Über dem Suchen nach
dem köftlichen Zucker wird der Blütenftaub vor dem
Verfpiefen-werden verfchont, dagegen noch wie bisher am
Haarkleide von einer Blüte zur andern transportiert. Es
treten alfo die Honigblumen mit wenig Staubblättern
als leicht unterfcheidbare Gruppe neben die Pollenblumen.

Obwohl durch das Ausfcheiden der Pollenblumen
mit ihren Infekten der Kreis von Beftäubern der Honigblumen verringert wurde, blieb ihre Zahl doch noch fo groß,
daß eine weitere Rubrizierung vorteilhaft erfchien. Bei
derfelben wurde die verfchiedene Intelligenz der verfchiedenen Infektengruppen verwertet, indem der Honig in
den einen Blüten offen daliegt, fodaß er fchon von den
herzufliegenden Infekten erkannt werden kann; in den
andern ift er mehr oder weniger gut verfteckt, fodaß ihn
der Befucher auffuchen oder feinen Platz kennen muß,
wozu es natürlich mehr Intelligenz braucht als zum
bloßen Ablecken. Die Blüten mit ungeborgenem Honig
werden daher auch von fchwach begabten Infekten, von
Käfern und befonders von den Fliegen befucht, welche
durch die weißen und verfchiedene Nuancen von gelb
zeigenden Blüten und deren (uns allerdings zuweilen
unangenehmen) Geruch angelockt werden. Hierher gehören z. B. *Ranunculus aconitifolius* (Tafel 2) und *Buplen-
rum longifolium* (Tafel 57).

In den Blüten mit verborgenem Honig find die ge-
fcheiteren Infekten, die Hummeln, langrüßligen Bienen
und Schmetterlinge allein Meifter, da nur fie hier den
Honig finden können. Ob fie ihn auch erreichen,
hängt von ihrer Rüffellänge ab. Da der Honig zuweilen
im Grunde mehrere Zentimeter langer und enger Röhren
aufgefpeichert ift, vermögen ihn z. B. die Bienen trotz
ihrer Intelligenz nicht hervorzuholen, während er den
langrüßligen Faltern zugänglich ift.

Man kann alfo Bienen- und Hummelblumen einer-, und Falterblumen andrerfeits unterfcheiden. Erftere find vorwiegend blau oder violett gefärbt, wie z. B. das *Veilchen*, doch treten oft auch andere Farben auf, z. B. weiß oder hellgelb, die fonft eher von kurzrüßligen Formen aufgefucht werden. Es tritt da eben ein Zweites hinzu: Während bei den wenig intelligenten Infekten, den Fliegen und kurzrüßligen Bienen, nur Geruch und Farbe, die Form der Blüten dagegen nicht in Betracht kommt, erlangt diefelbe bei den von intelligenten Infekten, langrüßligen Schwebefliegen, Bienen und Faltern, befuchten diefelbe Bedeutung wie Geruch und Farbe. So find z. B. die Bienenblumen oft glockenförmig ausgebildet, z. B. *Campanula* (Tafel 83—88), oder laden fonft zum Hineinkriechen ein, fo z. B. *Digitalis* (Tafel 115), *Aquilegia* (Tafel 7) oder die *Papilionaceen*, z. B. der *Klee* (Tafel 28—30). Häufig find fie auch dadurch charakterifiert, daß die Blütenblätter untereinander verfchieden ausgebildet und orientiert find, indem eine obere und eine untere Lippe entfteht. Letztere ift den Infekten als Stützpunkt oft eigentlich auf den Leib gefchnitten *(Betonica hirsuta*, Tafel 118), während die Oberlippe als weit fichtbarer Lockapparat (Fahne der *Papilionaceen*, Tafel 25 ff.) oder als helmartiges Schutzdach der Staubbeutel dient (*Betonica*, Tafel 118). Der Honig ift dabei entweder im Grunde der röhrenförmigen Blumenkrone, oder in einer feitlichen Ausftülpung derfelben, dem fogen. „Sporn", enthalten.

Die Falterblumen zeichnen fich durch die langröhrige Geftalt des Honigbehälters aus, wobei es gleichgültig ift, ob die Blüte allfeitig gleichmäßig, wie bei den *Nelken* (Tafel 17—20), oder zweilippig gebaut ift *(Viola calcarata*, Tafel 15). In der Blütenfarbe laffen fich jedoch zwei Gruppen unterfcheiden: die roten, feltener violetten Blumen, die von den Tagfaltern befucht werden, und die weißen, welche die Nachtfalter, allerdings weniger durch ihre Farbe als durch den ihnen nachts in

befonderer Stärke entftrömenden Duft auf große Ent-
fernungen (bis 100 Meter) anlocken *(Geißblatt)*.

Die Anpaffung folcher Bienen- und Falterblumen an
Körperform und Fähigkeiten ihrer Beftäuber kann fo weit
gehen, daß überhaupt nur eine einzige Infektenart die
Beftäubung vollziehen kann. Diefe Tatfache trat befonders eklatant zutage, als unfer *Wiesenklee* in Neu-
feeland eingeführt wurde. Er gedieh vorzüglich, bildete
jedoch keine Samen. Schließlich kam man auf den Ge-
danken, daß vielleicht das Fehlen der ihn beftäubenden
Hummeln die Unfruchtbarkeit verurfache. Als diefem
Mangel durch die Einfuhr von Hummeln abgeholfen war,
trat auch die Fruchtbildung ein.

Gerade diefe Erfahrung zeigt, wie fehr die Blumen
auf ihre Beftäuber angewiefen find, fodaß man aus den
Blumenformen einer Flora auf die Zufammenfetzung der
dafelbft lebenden Infektenwelt fchließen kann und umgekehrt von letzterer auf die Blumenformen. Da außerdem die Infekten durch ihre Auslefe diejenigen Blumenformen zu züchten vermögen, die ihrem Bau am beften
entfprechen, bildet die Infektenwelt einer Gegend einen
die Flora mitbeftimmenden Faktor, fo gut wie die Temperatur oder das Licht. Gerade die in den Alpen beftehenden Verhältniffe erweifen die Richtigkeit diefer
Auffaffung.

Beziehungen zwifchen Infekten und Pflanzen
in der alpinen Region.

Die Infektenfauna der Alpen unterfcheidet fich in
ihrer Artenzahl, wie folgende Tabelle zeigt, wefentlich
von derjenigen der Ebene.

	Ebene	Alpen
Käfer	15%	7%
Fliegen	30%	43%
Bienen und Hummeln	44%	18%
Schmetterlinge	9%	31%
Aus anderen Klaffen	2%	1%.

Die Käfer und Bienen treten alfo in den Alpen, im Vergleich zur Ebene, bedeutend, um mehr als die Hälfte, zurück, während die Zahl der Fliegenarten um mehr als ein Drittel, diejenige der Schmetterlinge um das Dreifache zunimmt. Letzteres ift wohl durch die Abnahme ihrer ärgften Feinde, der Singvögel, zu erklären. Obiger Tabelle follte nun eine entfprechende mit den Verhältniszahlen der von den genannten Infektenklaffen befuchten Blumen der Ebene und der Alpen gegenübergeftellt werden. Das ift jedoch nicht möglich, da eine Blüte oft von mehreren Infektenklaffen befucht wird, fodaß eine folche Zufammenftellung notwendig an Willkürlichkeit litte.

Aber gerade Blumen mit gemifchtem Befucherkreis geben uns über die Häufigkeit der Befuche einzelner Infektenklaffen in Alpen und Ebene wichtige Auffchlüffe. Der *Thymian, Thymus Serpyllum,* eine Pflanze, die aus der Ebene weit in die Alpen hinauffteigt, erhält im Tieflande 47 % der Befuche von Fliegen und nur 20 % von Schmetterlingen, während die Fliegenbefuche in den Alpen nur 25 %, die Falterbefuche dagegen 53 % betragen; der Befuch von Bienen bleibt fich ungefähr gleich (21—23 %). Es zeigt fich alfo, daß entfprechend ihrer großen Artenzahl die Falter in den Alpen als Blumenbefucher bedeutend hervortreten.

Daß dies auch fchon in früheren Zeiten der Fall war, geht daraus hervor, daß in zahlreichen Gattungen die Arten der Ebene Bienen- oder Hummelblumen befitzen, diejenigen der Alpen dagegen Falterblumen. Diefes Verhältnis kann nur dadurch erklärt werden, daß die alpinen Arten als urfprüngliche Bienenblumen aus der Ebene in die Alpen eingewandert und dafelbft durch die Auslefe der Schmetterlinge zu Falterblumen geworden find.

Die Veilchen find in diefer Beziehung befonders intereffant. Diejenigen des Tieflandes find durchwegs an die Bienen angepaßt. Unter den rein alpinen Formen find *Viola calcarata* (Tafel 15) und *cenisia* reine Falterblumen mit langem Sporn, die kleinblütige *Viola biflora* (Tafel 16 A) dagegen eine faſt ausſchließliche Fliegenblume mit kurzem Sporn. Diefe Verhältniffe entfprechen durchaus der Armut der Alpen an Bienen, welche durch Fliegen und Falter erfetzt werden.

In *Daphne striata* (Tafel 125 B alpin) und *Daphne Mezereum* (II. Teil S. 125 Ebene) haben wir ein Beifpiel dafür, daß eine relativ weitröhrige Ebenenblume, die durch Fliegen, Bienen und Falter befucht wird, in den Alpen durch eine engröhrige, reine Falterblume vertreten iſt.

Der umgekehrte Fall ſcheint bei *Primula farinosa* (Tafel 98 B) vorzuliegen, einer urfprünglich wohl alpinen Art, die in der Eiszeit nach der norddeutfchen Ebene gelangt iſt, und ſich dort bis heute behauptet hat. Der Enge des Kronfchlundes entfprechend wurden in den Alpen bisher nur Schmetterlinge auf ihr angetroffen, während Hummeln ihre Blüten verfchmähten. An den norddeutfchen Exemplaren dagegen mit ihrem etwas erweiterten Schlundeingange kamen Bienenbefuche zur Beobachtung. Es wäre demnach eine Falterblume der Alpen in der falterarmen Ebene den Bienen zugänglich geworden.

Die Alpenflora iſt fomit durch das Vorwiegen von Falter- und Fliegenblumen und das Zurücktreten der Bienenblumen charakterifiert. Der Grund diefer Erfcheinung liegt in dem, im Vergleich zur Ebene auffallenden Vorwiegen von Faltern und Fliegen, welche ſich die ihnen entfprechenden Blumenformen gezüchtet haben, wobei der Anthocyanreichtum der Alpenpflanzen der Entſtehung roter Falterblumen befonders günſtig war.

5. Die Feuchtigkeit.

Gerade wie Wärme und Licht find auch die Feuchtigkeitsverhältniffe von der Dichtigkeit der Luft abhängig,

indem eine dünne Luft viel weniger Wafferdampf auf-
nehmen kann als eine dichtere. Dies äußert fich in den
Alpen befonders deutlich in der Häufigkeit der Nebel-
und Wolkenbildung, fobald durch den Wind oder die
Temperaturverhältniffe die Luft des Tieflandes zum Auf-
fteigen veranlaßt wird. In einer beftimmten Höhe (im
Sommer bei etwa 2000 Metern) lagert daher um die
Mittagszeit meiftens ein Wolkengürtel, da hier die auf-
fteigende Luft gerade fo ftark abgekühlt ift, daß fie
ihren Wafferdampf in Form von Nebel abgeben muß.
Neben diefen regelmäßig eintretenden, auf lokalen
Urfachen beruhenden Niederfchlägen kommen aber in
den Alpen noch weit ausgiebigere vor. Da nämlich diefelben zu den Hauptwindrichtungen Europas (von Weft
und Südweft) größtenteils fenkrecht verlaufen, fchlagen
fich an ihren Hängen bedeutende Feuchtigkeitsmengen
nieder (bis 220 cm). Von diefer allgemeinen Regel gibt
es allerdings Ausnahmen, die befonders durch das Wallis
und das Engadin repräfentiert werden. Beide Land-
fchaften find Täler, die zu den Hauptketten parallel verlaufen und beiderfeits von fchneebedeckten Bergwällen
eingefchloffen find. Mag nun ein nordweftlicher oder ein
füdöftlicher Wind wehen, feine Feuchtigkeit wird fich
größtenteils an der äußeren Gebirgslehne niederfchlagen,
fodaß nur wenig über den Kamm hinüber ins Tal gelangt. So weift z. B. die den regenreichen Nordweft-
winden ausgefetzte Nordfeite der Berneralpen ein Jahresmittel von 150 cm Regenmenge auf, während ihr dem
Wallis zugekehrter Südabhang nur etwa die Hälfte
60—90 cm erhält.

Die Haupt-Niederfchlagsmenge fällt in Form von
Regen, jedoch ift auch der oft tagelang auf den Bergen
lagernde Nebel für die Alpenpflanzen von fehr großer
Bedeutung, indem dann die Luft den höchften Sättigungsgrad erreicht. Der Schnee, der auch während des Sommers in den Alpen öfters, in feiner Hauptmenge jedoch
im Spätherbft fällt, ift für die Alpen und ihre Vegetation

als Wafferrefervoir von außerordentlicher Bedeutung, um
fo mehr als fich dasfelbe auf hohen Bergen nie vollftändig
entleert, fodaß es auch den unteren Lagen, in denen
der Schnee fchon längft verfchwunden ift, durch die von
oben herab fich ftets erneuernde Bergfeuchtigkeit immer
neues Waffer zuführt. Ift jedoch einmal alles oberflächlich abfließende Schneewaffer von den vielen Waffer-
adern aufgenommen, fo trocknet der Boden rafch aus,
fodaß oft fchon im September die höheren Alpenmatten
verdorrt find.

Natürlich fpielt dabei die verfchiedene Fähigkeit des
Bodens, das Waffer feftzuhalten, eine große Rolle. In
den Alpen kommen hauptfächlich folgende Bodenarten
in Betracht.

1. Matten- und Weideboden. Derfelbe ift fein-
körnig, hinreichend durchläffig und lufthaltig. In der
erften Hälfte des Alpenfommers ift er feucht und trocknet
erft im Auguft oder September aus. Zur Not gedeihen
auf ihm die meiften in den Alpen vorkommenden Pflanzen.
Bei feiner großen Bedeutung für die Alpwirtfchaft und
infolgedeffen auch für die Alpenflora muß ich hier auf
einige Eigentümlichkeiten des Matten- und Weidebodens
aufmerkfam machen, die allerdings nicht nur durch die
Bodenfeuchtigkeit bedingt find.

Wie die Waldbäume an ihrer oberen Verbreitungs-
grenze allmählich niedriger und gedrungener werden, fo
auch die Krautpflanzen, welche in der Ebene und in den
Tälern die Wiefen bilden, die auf einem Boden von
mittlerer Feuchtigkeit gedeihen. Ift letztere von Natur
aus nicht in genügender Menge vorhanden, fo wird dem
Mangel durch Bewäfferung abgeholfen. Diefe Wiefen find
daher von mehrere Dezimeter hohen Kräutern bedeckt,
die regelmäßig gemäht werden. Der Salzgehalt des Bodens
wird durch Düngung auf gleicher Höhe erhalten.

Weiter oben bleiben diefe Wiefenkräuter infolge der
Veränderung von Licht- und Temperaturverhältniffen
niedriger, fodaß fich das Mähen kaum lohnt: die Wiefe

ift in die Matte übergegangen, die weder künftlich bewäffert, noch gedüngt wird. Diefe Matten find fomit die natürliche und für die Alpen charakteriftifche Form der Gras- und Krautvegetation. Ganz rein ift fie nur noch felten vorhanden, nur dort, wo der Menfch und fein Vieh nicht regelmäßig hinkommt. Wo dies der Fall ift, find die Alpenmatten in Weiden umgewandelt, die fich dadurch von den Matten unterfcheiden, daß fie regelmäßig vom Vieh begangen werden, das die dem Boden anliegenden Blattrofetten und niedrigen Gräfer abrupft und zugleich den Boden wenigftens ftellenweife durch feinen Mift düngt. Bei guter Alpwirtfchaft forgt der Senne durch Zerftreuen diefes Miftes für eine gewiffe Gleichmäßigkeit der Düngung. Das Weideland ift alfo wie die Wiefe Kulturland (Warming).

Da, wo die Düngung der Alpenmatten durch das Vieh befonders reichlich und anhaltend ift, wie in der Nähe von Sennhütten und Ställen, bei Brunnen oder an gefchützten Orten, nach denen fich das Vieh bei Sturm und Regen flüchtet, erhält die Vegetation ein von der gewöhnlichen Weide abweichendes Gepräge. Auf diefen fogenannten Lägern entwickeln fich die Pflanzen äußerft üppig. Da aber nicht alle Arten eine fo intenfive Düngung ertragen, befitzen diefe Stellen ihre eigenen Bewohner, die fogenannte Lägerflora, zu welcher z. B. das gelbe *Aconitum Lycoctonum* (Tafel 8), das blaue *Aconitum Napellus*, der *Senecio cordatus* (II. Teil S. 72) und der große *Alpen-Ampfer*, *Rumex alpinus*, gehören.

2. **Moorboden.** Derfelbe ift reich an verweften Pflanzenreften, vom Waffer durchtränkt und daher luftarm. Sein Wafferreichtum wird dadurch hervorgerufen, daß er auf irgendeiner für Waffer undurchläffigen Schicht, z. B. einem feinen Ton, ruht, der im ganzen Umkreis der Alpen als Reft alter Grundmoränen der Eiszeit-Gletfcher verbreitet ift, indem die Steine durch die Laft des über fie wegrutfchenden Eifes zu feinem Brei zerrieben wurden. Solche glaziale Moore find in den

Tälern des welfchen Jura und auf der fchweizerifchen und bayerifchen Hochebene häufig. Kleinere Moore trifft man auch öfters in den Mulden von Felfen, in welchen fich das Regen- und Schneewaffer ftaut und die Anfiedelung von Moorpflanzen geftattet.

3. Der in den Alpen fehr häufige Geröllboden ift fehr durchläffig und daher meift trocken und warm. Allerdings kommen, befonders in der Nähe der Schnee-grenze, auch naffe Geröllböden vor, in denen das Schmelz-waffer oder Quellen die Wurzeln der Geröllpflanzen befpülen. Bei Sonnenfchein erwärmen fich aber die Steine fo rafch, daß die Stengel und Blätter der Geröll-pflanzen trotz dem Wafferreichtum des Bodens großer Lufttrockenheit ausgefetzt find. Natürlich hängen die Eigenfchaften des Geröllbodens auch von der Größe feiner Beftandteile ab, indem mit zunehmender Kleinheit der Gefteinsfragmente das Geröll in Gefteinsfchutt übergeht, der wieder durch viele Zwifchenftufen mit dem naffen Tonboden verbunden ift.

4. Der Felsboden endlich beherbergt feine Pflanzen entweder in kleinen, mehr oder weniger flachen Ein-fenkungen, in welchen Flechten und Moofe zuerft einigen Humus gebildet haben — ein Standort, der natürlich dem Austrocknen fehr ausgefetzt ift —, oder auf Spalten, welche auch nach Abfluß des Schnee- und Regenwaffers von der Bergfeuchtigkeit ftets gefpiefen werden, fodaß den Wurzeln immer eine gewiffe Waffermenge zur Ver-fügung fteht.

Die relative Feuchtigkeit der Luft, d. h. der ihrer Dichtigkeit entfprechende Sättigungsgrad mit Waffer-dampf, ift in den Alpen im Vergleich zur Ebene groß, wahrfcheinlich infolge der großen Bodenfeuchtigkeit. Fol-gende Zahlen zeigen dies deutlich:

Theodulpaß 3330 m 82 % rel. Feuchtigkeit,
Simplon   2010 m 78 % „   „
Martigny   500 m 72 % „   „   .

Neben diefen Durchfchnittszahlen find aber auch die

Extreme zu berückfichtigen, indem oft volle Sättigung der Luft mit Wafferdampf und große Trockenheit rafch miteinander abwechfeln. So wurde auf dem großen Plateau des Montblanc (3930 m) bei einer mittleren Luftfeuchtigkeit von 38 % ein Minimum von 13 % beobachtet, während in Chamounix bei einem Mittel von 82 % das Minimum nur auf 50 % hinabging. Die mitten im Firngebiet gemachten Meffungen find allerdings nur für diejenigen Alpenpflanzen maßgebend, welche gerade dort leben, während die Gewächfe der Weiden und Matten unter günftigeren Bedingungen gedeihen, wie mir eigene Meffungen auf einer 1860 Meter hoch gelegenen Alp trotz Sonnenfchein und mäßigem Winde gezeigt haben. Die relative Feuchtigkeit betrug 82 %, während fie auf einer Wiefe bei 1000 Metern unter fonft gleichen Verhältniffen 60 % betrug.

Außerdem muß man bedenken, daß die meteorologifchen Meffungen in einer Höhe von 1 Meter über dem Boden gemacht werden, die Alpenpflanzen fich jedoch kaum vom feuchten Boden erheben. In der Tat ergaben bei fchönem Wetter, bei 2000 m Höhe ausgeführte Meffungen in der Nähe eines befonnten, teilweife bewachfenen Felsblockes eine Luftfeuchtigkeit von 38 %, während fie bei 1 m Höhe über dem Boden nur 29 % betrug. Die meteorologifch feftgeftellte, zeitweilig fo große Lufttrockenheit über Firn und Fels wird alfo für die Pflanzen des Wiefenbodens bedeutend abgefchwächt. Anders natürlich bei den im befonnten Gerölle oder auf exponierten Felfen wachfenden Pflanzen. Da werden allerdings an ihre Widerftandsfähigkeit gegen das Austrocknen zuweilen große Anforderungen geftellt.

Einfluß der Feuchtigkeitsverhältniffe der Alpenregion auf ihre Pflanzen.

Die Feuchtigkeitsverhältniffe haben allgemein einen großen Einfluß auf das Wachstum der Pflanzen, da fich dasfelbe nur dann ungeftört vollziehen kann, wenn eine

genügende Waffermenge zur Verfügung fteht. Je trockener
die Luft wird, defto mehr Waffer entreißt fie der Oberfläche der Pflanze, das Wachstum wird daher verzögert.
Diefe Wafferabgabe oder Tranfpiration kann von der
Pflanze fo lange ertragen werden, als ihr die Wurzeln
in einer beftimmten Zeit mindeftens ebenfoviel Waffer
aus dem Boden zuführen, als die in Luft ragenden
Organe abgeben. Ift dies nicht der Fall, fo welkt die
Pflanze und verdorrt fchließlich.

Gewächfe verfchiedener Standorte verhalten fich nun
in diefer Beziehung fehr verfchieden, indem die aus
feuchter Luft ftammenden das aufgenommene Waffer
rafch abgeben und deshalb auch rafch welken: Feuch-
tigkeitspflanzen, Hygrophyten, die in trockener
Luft gewachfenen dagegen nur fehr langfam: Trockenheitspflanzen, Xerophyten. Man ift nun leicht
verfucht, die Verfchiedenheit in Wuchs und Struktur der
Xerophyten und Hygrophyten als direkte Folge der
verfchiedenen Luftfeuchtigkeit aufzufaffen. Da aber an
trockenen Standorten gewöhnlich auch das Licht ftärker
ift als an feuchten, ift es nicht erlaubt, alle Eigenfchaften
der Xerophyten nur auf die Trockenheit zurückzuführen.
Es ift Aufgabe der Phyfiologie, die zahlreichen, in der
Natur gleichzeitig fich verändernden Faktoren einzeln
wirken zu laffen, was bisher erft in relativ geringem
Maße ausgeführt worden ift.

Wie im Abfchnitt über die Wirkung des Lichts
kann ich auch hier nur diejenigen Wachstumsverände-
rungen behandeln, welche das unbewaffnete Auge feft-
ftellen kann.

Als folche, ohne weiteres fichtbare Xerophyten-
Charaktere gelten:

1. Niedriger Wuchs.
2. Verkleinerung der verdunftenden Oberfläche.
3. Verftopfung der wafferausfcheidenden Organe.
4. Behaarung.
5. Starke Wurzelentwicklung.

Diefe Eigenfchaften kommen nun bei vielen Alpenpflanzen vor; diefelben find deshalb von manchen Forfchern für Xerophyten gehalten worden. Da jedoch erft für wenige Fälle konftatiert ift, daß wirklich die Trockenheit und nicht etwa die hohe Lichtintenfität den xerophytenartigen Charakter hervorgerufen habe, foll im Folgenden von Fall zu Fall zu entfcheiden verfucht werden, ob die Alpenpflanzen zu den Xero- oder Hygrophyten zu zählen find.

1. Niedriger Wuchs wird tatfächlich durch trockene Luft allein hervorgerufen, wenn Beleuchtungs- und Temperaturverbältniffe nicht verändert werden, und den Stengeln aus dem Boden genügend Waffer zugeführt wird. So betrug z. B. die Länge der Stengelglieder der in trockener Luft gewachfenen *Saubohnen (Vicia Faba)* durchfchnittlich nur 59 % von derjenigen in feuchter Luft gewachfener Stengel, während die Länge der halbfeucht gewachfenen 76 % von der Länge der feucht gewachfenen betrug.

Die Alpenpflanzen find bekanntlich niedrig, was (vergl. Seite 14) auf ftarkes Licht und niedrige Nachttemperatur zurückgeführt werden kann. Nun kommen aber bei ihnen zuweilen auffallende Größenunterfchiede vor (z. B. bei *Hedysarum obscurum*, Tafel 32), je nachdem die Pflanze an ihrem Standort exponiert oder gefchützt war. Aber auch da ift es nicht entfchieden, ob diefer Schutz vorwiegend in der Schwächung des Lichtes oder in der Fernhaltung niederer Temperatur oder trockener Luft beftand. Bis genaue Verfuche in der Alpenregion felbft ausgeführt find, wozu es eben eines alpinen Laboratoriums bedarf, das bisher leider noch fehlt, kann aus dem niedrigen Wuchs der Alpenpflanzen nicht mit Sicherheit auf ihre Xerophyten-Natur gefchloffen werden. Es ift allerdings denkbar, daß die trockene Luft der exponierten Standorte den durch Licht und Temperatur erzeugten Zwergwuchs noch fteigert.

2. Die Oberflächenverkleinerung, die bei

den Xerophyten in extremen Fällen bis zu völligem Verluft der Blätter und Annahme der Kugelgeftalt führen kann (Cacteen), erlaubt als folche auch kein ficheres Urteil über die Alpenpflanzen, da auch hier das Licht in gleichem Sinne wirkt. (Vergl. S. 15.) Dagegen wurde von B r e n n e r*) nachgewiefen, daß fich z. B. bei den Eichenblättern die Einbuchtungen den Blattnerven viel mehr näherten, die Lappen alfo fchmäler wurden, je trockener die umgebende Luft war, was offenbar darauf zurückgeführt werden muß, daß das in den Nerven durch die Blätter geleitete Waffer in feuchter Luft auf größere Entfernung vom Blattnerven zur richtigen Bewäfferung des Blattgewebes genügt als in trockener Luft. Solche eingefchnittene Blätter find auch in der Alpenflora viel vertreten, befonders bei den *Umbelliferen* (Tafel 55—59) und *Ranunculaceen* (Tafel 1—10). Vergleichen wir diefelben mit ihren Verwandten der Ebene, fo zeigt es fich, daß die Blätter der alpinen Pflanzen bald weniger tief geteilt find als die der Ebenenpflanzen (vergl. *Ranunculus alpestris* und *aconitifolius* und *Anemone alpina*, die zwifchen *A. Pulsatilla* und *A. silvestris* der Ebene die Mitte hält), oder ähnliche Blattgeftalt zeigen (*Ranunculus montanus* und *R. acris*) oder auch feiner geteilt find (*Meum Mutellina* II. Teil S. 56). Es ergibt fich hieraus, daß die Blattgeftalt der Alpenpflanzen im Vergleich zu derjenigen ihrer Verwandten der Ebene von ähnlichen Standorten nicht ausgefprochen xerophytifch, fondern zuweilen fogar hygrophytifch ift.

Ausgefprochene Xerophyten find dagegen diejenigen Alpenpflanzen, welche fogenannte R o l l b l ä t t e r befitzen. Durch das Einrollen der Blattränder über die Blattunterfeite, die infolge ihres anatomifchen Baues das Waffer befonders leicht abgibt, wird die Verdunftung bedeutend herabgefetzt (*Empetrum* Tafel 125 A).

---

*) B r e n n e r, W. Klima und Blatt bei der Gattung Quercus. Flora oder allgemeine botan. Zeitung. 1902. Bd. 90.

Auch die Rofettenbildung der Blätter kann die ver-
dunftende Oberfläche verkleinern, wenn diefelben fo dicht
beifammen ftehen, daß die ganze Rofette kugelig wird
(*Sempervirum arachnoideum*, Tafel 53, *Saxifraga bryoides*,
Tafel 49 B). Werden aber folche Pflanzen mit kugeligen
Rofetten ohne Veränderung der Lichtintenfität in feuchter
Luft kultiviert, fo legen fich die Blätter auseinander, die
Rofette öffnet fich.*) In der Alpenflora treffen wir beides
an: kugelige Xerophyten-Rofetten: *Sempervirum* (Tafel 53),
Saxifraga bryoides (Tafel 49 B), wie auch Hygrophyten-
Rofetten: *Saxifraga androsacea* (II. Teil S. 50), *Androsace
Chamaejasme* (II. Teil S. 100), erftere auf exponierten Felfen,
auf denen wir nichts anderes als Xerophyten erwarten
können, letztere auf Matten oder feuchten Felfen. Es
zeigt fich alfo auch darin, daß in der Alpenflora neben
ausgefprochenen Xerophyten Formen von hygrophytifchem
Charakter vertreten find.

Zu demfelben Refultat gelangt man bei der Unter-
fuchung der Blattftruktur der Alpenpflanzen. Ich kann
hier nur eine Tatfache erwähnen, die gerade noch mit
dem bloßen Auge beobachtet werden kann, nämlich

3. Die Verftopfung der wafferausfcheidenden Organe. Von den in den Alpen fo zahlreichen
*Steinbrech*arten (*Saxifrageen*) find die meiften ausgefprochene Xerophyten, während einige im Schatten der
Wälder und Felfen am beften gedeihen, hygrophytifch
find (fo befonders *S. rotundifolia*, Tafel 50). Letztere
pflegen aus kleinen Öffnungen an den Blattzähnen, den
fogenannten Wafferfpalten, das überfchüffige Waffer
in Form von Tropfen auszufcheiden, die wie große Tau-
tropfen einige Zeit an den Blättern hängen bleiben. Die
Funktion diefer Wafferfpalten, die auch den felfenbe-
wohnenden Saxifrageen zukommen, wäre für letztere fehr
gefährlich, da fie das einmal aufgenommene Waffer mög-

---

*) Brenner, W. Unterfuchungen an einigen Fettpflanzen.
Differtation Bafel 1900 (auch in „Flora“ Bd. 87).

lichſt lange behalten ſollten. Sie haben nun dieſe Waſſer-
ſpalten dadurch unſchädlich gemacht, daß ſie dieſelben
durch Kalkablagerung verſtopften, welche in Form weißer
Schüppchen am Rande oder an der Spitze der Blätter
ſichtbar iſt (Tafel 52 B) und zwar um ſo deutlicher, je
trockener der Standort. So zeigt die bald in trockenem
Gerölle, bald an Quellen lebende *Saxifraga aizoïdes*
(Tafel 51 A) die Kalkſchüppchen nur am trockenen Standorte deutlich, während man ſie an den feucht gewachſenen Pflanzen oft vergeblich ſucht.

Es zeigt alſo auch dieſes Unterſcheidungsmerkmal,
daß in den Alpen Xero- und Hygrophyten vertreten ſind.

4. Behaarung. Daß eine Schicht von luftführen-
den Haaren die Pflanze vor Verdunſtung ſchützt, iſt ohne
weiteres einzuſehen, wurde übrigens auch ſchon dadurch
feſtgeſtellt, daß die Waſſerabgabe eines raſierten Blattes
mit derjenigen eines normal behaarten verglichen wurde.
Was die Ausbildung ſolcher Wollhaare veranlaßt, iſt noch
nicht einwandfrei nachgewieſen. Obwohl es ſcheint, daß
wirklich die Trockenheit der Luft die Haarbildung her-
vorrufe, iſt es doch nicht ausgeſchloſſen, daß auch ſtarkes
Licht dieſelbe verurſache oder doch fördere. Sicher iſt,
daß wollig behaarte Pflanzen beſonders an trockenen,
ſonnigen Standorten gedeihen; in großer Zahl z. B. in den
Mittelmeerländern und auch in den Alpen, *Leontopodium*
und *Antennaria* (Tafel 68), *Achillea nana* (Tafel 73 A),
Hieracium lanatum (Tafel 80), *Salix glauca* (Tafel 126),
Androsace imbricata (II. Teil S. 96), u. a.

Den gleichen Dienſt wie die Haare ſcheinen zuweilen
Wachsausſcheidungen zu verſehen, wie ſie bei einigen
alpinen *Primeln* in Form eines weißen, mehlartigen
Staubes auftreten. Ob derſelbe nur in trockener Luft
entſtehe, oder ob bei ſeiner Ausſcheidung noch andere
Faktoren maßgebend ſind, iſt noch unbekannt.

5. Starke Wurzelentwicklung. Auch die ſtarke
Entwicklung der Wurzeln wird von Schimper als Xero-
phytenmerkmal angeführt. Tatſächlich beſitzen viele Xero-

phyten ein fehr ausgebreitetes Wurzelfyftem; ob es aber die Trockenheit der Luft oder des Bodens fei, welche ihre Entftehung fördert, wurde noch nicht einwandfrei nachgewiefen. Die gewaltige Wurzelausbildung mancher Alpenpflanzen fcheint vielmehr dadurch hervorgerufen zu fein, daß die in den Blättern gebildeten Nährftoffe infolge der ftarken Wachstunshemmung der oberirdifchen Teile nach den in ihrem Wachstum nicht gehemmten Wurzeln geleitet werden, fodaß diefelben der guten Nahrungszufuhr ihre auffallenden Dimenfionen verdanken. Die bei vielen Alpenpflanzen beobachtete ftarke Wurzelentwicklung ift alfo kein untrügliches Merkmal ihrer Xerophytenftruktur.

Ebenfowenig ift es die reiche Blütenentfaltung der Alpenpflanzen, welche allerdings durch Trockenheit gefördert, aber nur durch ftarkes Licht veranlaßt wird.

Bei allen diefen Beobachtungen und Erwägungen kommt man zu dem Schluß, daß die Alpenflora in den Felfen- und Geröllbewohnern typifche Trockenheitspflanzen, Xerophyten enthält, daß fich aber die vielen alpinen Matten- und Weidepflanzen von den Wiefenpflanzen des Tieflandes keineswegs durch Einrichtungen zur Herabfetzung der Wafferverdunftung wefentlich unterfcheiden.

---

6. Der Boden.

Daß die Befchaffenheit des Bodens auf die ihn bedeckende Flora einen beftimmenden Einfluß ausübe, wurde fchon frühe, befonders in Gebirgsländern beobachtet, wo eben der Untergrund oft nackt zutage tritt. Dabei können aber zwei Eigenfchaften des Bodens in Betracht kommen: die rein chemifche, wobei feine Beftandteile als gelöfte Salze fördernd oder fchädigend auf die Pflanzen einwirken, oder feine phyfikalifchen Eigenfchaften, befonders Feuchtigkeits- und Wärme-

verhältniffe, welche allerdings durch feine chemifche Zufammenfetzung bedingt find.

Bei den erften Unterfuchungen glaubte man, es könne
fich nur um eine Art des Einfluffes handeln; es ftand
daher in diefer Frage die chemifche der phyfikalifchen
Richtung gegenüber, beide auf gewichtige Gründe geftützt.
Der lange dauernde Streit ift heute dahin entfchieden,
daß beide Richtungen mit gewiffen Befchränkungen recht
haben. Es ift eine unbeftreitbare Tatfache, daß das aus
Kalkboden entfpringende Waffer infolge feines Kalkgehaltes
oft wie ein Gift wirkt, fo z. B. auf faft alle Pflanzen der Torfmoore, befonders auch auf feine Algen (grüner Schlamm).
Bei diefen untergetauchten Organismen kann es fich natürlich nicht um Trockenheit oder Wärme, fondern allein
um die chemifchen Eigenfchaften der im Waffer gelöften
Beftandteile des Bodens handeln. Hier ift alfo die chemifche Richtung im Rechte.

Andrerfeits find Fälle bekannt geworden, daß in
einem beftimmten klimatifchen Gebiete gewiffe Pflanzen
nur auf Kalk vorkommen, wie z. B. bei uns die Buche,
während fie in Südfrankreich nur auf Kiefelboden Wälder
bildet. Es ift kein Zweifel, daß hier die phyfikalifchen
Eigenfchaften des Bodens ausfchlaggebend find, während
der chemifche Einfluß ohne Belang ift: in unferem feucht-
kühlen Klima fucht die Buche den relativ warmen und
trockenen Kalkboden auf, während ihr derfelbe im warmen
Südfrankreich zu trocken wäre, und fie deshalb den relativ
feuchten und kühlen Kiefelboden bevorzugt.

Sehr häufig kommt es auch vor, daß der einen von
zwei nahe verwandten Arten in einem gewiffen Klima
befonders der Kalk, der andern befonders der Kiefelboden
zufagt. Sie halten fich deshalb fo ftreng an diefe Bodenarten, daß man aus ihrer Verbreitung fogar auf die Aus-
dehnung des Kalk- und Kiefelbodens fchließen kann. Ift
jedoch in einem beftimmten, klimatifch vom andern nicht
wefentlich verfchiedenen Gebiete nur die eine der beiden
Arten vorhanden, fo kommt diefe auch auf dem Geftein

vor, das fie im andern Gebiete ftreng meidet. Gerade in der Alpenflora werden wir mehrere Beifpiele diefer Art zu verzeichnen haben.

Verteilung von Kalk- und Kiefelgeftein in den Alpen.

Aus der Entftehungsgefchichte der Alpen ift die jetzige Verteilung von Kalk- und Kiefel- oder Urgeftein (Gneis und Granit) leicht zu verftehen. Die Kalke lagerten fich in dem Meere ab, das vor und während der fogenannten Tertiärperiode, die der Eiszeit voranging, auch die jetzige Alpengegend bedeckte. Infolge der durch die allmähliche Abkühlung verurfachten Verkleinerung des Erdinnern wurde die Rinde zu groß, fie legte fich deshalb wie die Haut eines austrocknenden Apfels in Falten. Wo diefe Faltung fehr ftark war, brachen die oberften, am ftärkften gedehnten Schichten auf, fodaß darunter die erfte Erftarrungskrufte, der feinkörnige, kiefelreiche Gneis zutage trat. Ift auch f e i n e Lagerung fehr ftark geftört, fo kommt der darunter liegende Granit zum Vorfchein. Da derfelbe ungefähr die gleiche Zufammenfetzung hat wie der Gneis, müffen wir uns denfelben aus der gleichen feurig-flüffigen Maffe entftanden denken, aber nicht wie der Gneis unter relativ rafcher Abkühlung, fondern allmählich, in großer Tiefe und daher unter großem Drucke, fodaß fich einzelne Beftandteile zu fchönen Kriftallen (Feldfpat) ausbilden konnten.

So finden wir in den Alpen die Randketten, den Jura inbegriffen, aus Kalk beftehend, auf welche nach dem Innern die Gneife, und in den höchften zentralen Ketten die Granite folgen.

Diefe Angaben haben allerdings nur im großen und ganzen Gültigkeit, während im einzelnen manche Ausnahmen zu verzeichnen find. So treten in den zentralen Gneis- und Granitketten an verfchiedenen Stellen Refte der urfprünglichen Kalkdecke zutage und im reinen Kalkgebirge, z. B. im Jura, Torfmoore, für welche Kalkwaffer reines Gift ift. Diefelben verdanken, wie wir gefehen haben, ihre Exiftenz der Tätigkeit der großen Gletfcher der Eiszeit, indem die von ihnen hinterlaffenen tonigen Grundmoränen nicht nur die Moorbildung durch Schaffung eines für Waffer undurchläffigen Untergrundes ermöglichten, fondern das Moor faft hermetifch gegen die kalkhaltigen Gewäffer der Umgebung abfchließen.

Der Urgefteinsboden ift in den Alpen im allgemeinen von derfelben Befchaffenheit, mit Ausnahme der lokal vorkommenden Serpentine und Bafalte, die im Gegenfatz zu Granit und Gneis fehr langfam verwittern und daher eine trockene und warme Unterlage bilden wie der Kalk. Diefer zeigt in feinen verfchiedenen Schichten und in den verfchiedenen Partieen der Alpen eine fehr verfchiedene Konfiftenz. Letzterer Unterfchied tritt befonders ftark bei der Vergleichung von Jura und Alpen hervor. Der Jurakalk verwittert im allgemeinen fchwer, der Boden ift daher meift trocken und warm. Der Alpenkalk dagegen widerfteht der Verwitterung im allgemeinen weniger lange. Er zerfällt daher oft in feinen Schutt, der fogar zuweilen eine tonige Befchaffenheit annimmt, fodaß er auch feuchtigkeitsliebende Pflanzen (Hygrophyten) beherbergen kann. Anders in den füdöftlichen Alpen, in denen eine fchwerer verwitternde Magnefiumverbindung, der Dolomit, den Kalk vertritt.

Kiefel- und Kalkpflanzen der Alpen.

Die ausfchließlich an Kalk- oder Kiefelgeftein gebundenen Arten find, wie allgemein, auch in den Alpen nicht zahlreich. Kalkfliehend find u. a. einige Farne, z. B. *Asplenium septentrionale* (Tafel 143 B) und *Blechnum Spicant*, die allerdings mitten im Kalkgebirge auftreten können, dann aber nur auf erratifchen, von den Gletfchern dorthin transportierten Granitblöcken. Außerdem *Saxifraga Cotyledon*, *Sempervivum arachnoideum* (Tafel 53) und *Androsace carnea* (Tafel 100 B), während *Androsace lactea* (Tafel 100 A) eine ausgefprochene Kalkpflanze ift.

Viel häufiger find die nur in einem beftimmten Gebiet an eine fpezielle Bodenart gebundenen Pflanzen. So befiedelt z. B. *Erica carnea* in der Schweiz Kalk und Kiefel, während fie in Bayern, wohl wegen größerer Rauheit des Klimas, das Urgeftein vollftändig meidet.

Verhältnismäßig oft kommt es in den Alpen vor, daß zwei nahverwandte in demfelben Gebiete verbreitete Arten fich ftreng an das e i n e Geftein halten und fich daher gegenfeitig ausfchließen, während fie, fobald die Konkurrenz der andern Art fehlt, in der Bodenart nicht wählerifch find. Hieher gehören *Anemone alpina* und *sulfurea:* letztere in den Alpen nur auf Kiefelboden, während *alpina* den Kalk bewohnt. Diefe wächft aber in den Vogefen auf Kiefelboden, wohin fie aus dem Jura gelangt ift, dem *Anemone sulfurea* fehlt. Dasfelbe Verhalten zeigen die beiden *Alpenrofen: Rhododendron ferrugineum* und *hirsutum* (Tafel 91). Erftere liebt feuchten, moorigen Boden und kommt daher in den Alpen auf Urgeftein vor, *Rhododendron hirsutum* dagegen auf dem trockenen, warmen Kalk. Ihre Konkurrenz ift in dem von ihnen gemeinfam befiedelten Engadin befonders auffallend. Auf dem Urgeftein ift *Rhododendron ferrugineum* als Unterholz des Lärchenwaldes und auf Weiden gemein. *Rhododendron hirsutum* dagegen ift hier felten und nur auf den wenigen zutage tretenden Kalkbändern zu finden, fo z. B. am Eingang ins Val Fex. Daß aber auch hier nur die Konkurrenz beider Formen ausfchlaggebend ift, beweift *Rhododendron ferrugineum*, das aus den Weftalpen, denen *Rhododendron hirsutum* fehlt, längs den Höhenzügen des Jura in diefes, ja ausfchließlich aus trockenem, warmem Kalk beftehende Gebirge eingewandert ift und fich offenbar nur dank der Abwefenheit der andern Art darin erhalten hat. Ähnlich verhalten fich

Achillea atrata (Kalk) und *moschata* (Kiefel),
Primula Auricula (Kalk) und *hirsuta* (Kiefel),
Androsace pubescens (Kalk) und *glacialis* (Kiefel).

Infolge diefer Konkurrenz fiedelt fich auf chemifch fehr abwechslungsreichem Boden auch eine abwechslungs- refp. artenreiche Flora an. Beim Vergleich einer geo- logifchen Karte mit einer folchen, auf welcher die Gebiete mit verfchiedenem Artenreichtum eingezeichnet find, fällt es daher auf, daß die Gebiete größten Reichtums meift diefelben find, in denen zahlreiche Gefteinsarten auf kleinem Raume zufammenkommen, wie z. B. in den Wallifer und Engadiner Alpen, während andrerfeits geologifch einheitliche Gebiete, wie z. B. das Grau- bündner Oberland, auch einheitliche, relativ artenarme Floren befitzen.

Daß aber die Armut oder der Reichtum an Pflanzen- arten in den Alpen nur teilweife durch die geologifche Unterlage hervorgerufen wird, geht aus dem nächften Abfchnitt hervor.

7. Der Wind.

Als klimatifcher Faktor ift der Wind auch für die Pflanzen von großer Bedeutung. Es ift daher notwendig, die

Windverhältniffe in den Alpen

kennen zu lernen, wobei Richtung und Stärke der Winde gefondert zu behandeln find.

Die Richtung hängt von lokalen und von all- gemein geographifchen Faktoren ab.

Lokale Winde von beftimmter Richtung find in den Alpen fehr verbreitet, indem die Luft während der Nacht infolge der Abkühlung und der damit verbundenen Gewichtszunahme finkt, was fich an den Berglehnen in einem nach dem Tal fich bewegenden Bergwind äußert. Am Tage dagegen fteigt die Luft infolge der Erwärmung, durch die fie leichter wird, in die Höhe.

Es entwickelt fich daraus ein an den Berglehnen aufwärts ftreichender Talwind.

Als lokaler Wind ift auch der Föhn zu bezeichnen, der in allen fenkrecht zur Hauptrichtung der Alpen verlaufenden Tälern dann herrfcht, wenn große Luftdruckunterfchiede zwifchen Süd- und Nordfeite der Alpen ausgeglichen werden. Die Luft fließt aus dem Gebiete mit hohem Barometerftand, alfo hohem Stand des Luftmeeres über den Kamm der Alpen in das Gebiet des Tiefftandes der Luft. Diefe herabftrömende kalte und dünne Luft verdichtet fich in den tieferen Lagen, wodurch ihre Temperatur und damit ihre Fähigkeit zur Aufnahme von Wafferdampf erhöht wird. Die Föhnwinde, die auf der Süd- wie auf der Nordfeite der Alpen vorkommen, find daher warm und trocken, was befonders bei der Schneefchmelze von großem Wert ift.

Die vorherrfchende Windrichtung in Mitteleuropa und infolgedeffen auch auf der nördlichen und nordweftlichen Seite der Alpen ift diejenige von Weft nach Oft und Südweft nach Nordoft. Der Südfuß der Alpen ift, wenigftens während des Sommers, auch nördlichen und nordweftlichen Winden ausgefetzt, während im Herbft die füdöftlichen vorherrfchen.

Die Stärke der Winde ift in den Alpen bedeutend größer als in der Ebene, da fich die Luftftrömungen, weder durch Hügel noch hohe Vegetation gehemmt, fortbewegen können. Folgende Werte für die größten, in Zürich (493 m) und auf dem Säntis (2500 m), im Jahre 1897 gemeffenen Windftärken illuftrieren diefe Talfache am beften. (Angegeben in m während einer Sekunde.)

	Zürich	Säntis	Differenz
Jahresmaximum	22	38	16
Maximum für Juli—Oktober	14	35	21.

Die größte Windftärke fällt alfo bei 2500 m auf die Monate Juli—Oktober, in welchen fich die Entwicklung der Alpenpflanzen abfpielt; fie ift dann mehr als doppelt

fo groß als in der Ebene. Dabei ift zu bemerken, daß
ein Wind, der mit einer Gefchwindigkeit von 30 m in
der Sekunde daherftürmt, alle kleineren Gegenftände, die
nicht niet- und nagelfeft find, fogar kleinere Steine, mit
fich fortzutragen vermag.

Einfluß der alpinen Winde auf die Pflanzen.

Holzpflanzen, die einem ftets von der gleichen Seite
wehenden Winde ausgefetzt find, bilden fogenannte Windformen aus, die dadurch entftehen, daß die gegen
den Wind wachfenden Äfte abgeknickt oder gezwungen
werden, in demfelben Sinne zu wachfen, wie fich der
Wind bewegt. Es kommen dadurch merkwürdig ein-
feitige Formen zuftande, die, wenn es Gebüfche find, wie
abgefchoren aussehen. Solche Windformen von Bäumen
kommen in den Alpen an der oberen Grenze des Bergwaldes auch etwa vor, ohne jedoch für die Waldgrenze
charakteriftifch zu fein. In der eigentlichen baumlofen
Alpenregion wurden ähnliche Erfcheinungen noch nicht
beobachtet. Es ift allerdings möglich, daß die Polfter-
form mancher Alpenpflanzen, wie die der nordifchen
Kugelpflanzen, auf die mechanifche Wirkung des Windes
zurückzuführen ift. Genaue Beobachtungen, gefchweige
denn Verfuche, fehlen jedoch noch vollftändig.

Der Einfluß des Windes auf die Fortpflanzungs-
verhältniffe äußert fich in der Art der Beftäubung
und in der Art der Samenverbreitung.

Neben den früher befprochenen, durch Infekten be-
ftäubten Pflanzen gibt es eine große Anzahl folcher,
deren Blütenftaub durch den Wind von einer Blüte in
die andere transportiert wird. Und wie die Häufigkeit
gewiffer Blumenformen in einer Flora der Häufigkeit
ihrer Beftäuber entfpricht, fo ift auch das Verhältnis von
Windblütlern zu Infektenblütlern eines Gebietes durch
die Wind- und Infektenverhältniffe bedingt. Am klarften
tritt uns dies auf den Küfteninfeln der Nordfee entgegen.

Während in ganz Deutſchland die Windblüůler 22% der
Geſamtartenzahl betragen, beſitzt

    Schleswig-Holſtein   27%,
    Röm, Sylt   36% und die
    nur 1 m hohen Halligen 47%.

Auf Helgoland beherbergt die vom Wind etwas ge-
ſchützte Oſtſeite zahlreiche Inſektenblütler, während ſonſt
auf dieſer Inſel faſt nur Windblütler vorkommen. Dieſe
Verhältniſſe ſind leicht begreiflich, da die fliegenden
Inſekten den ſtarken Wind meiden, der ſie als leichte
Beute mitnehmen könnte. Den auf ausgeſetzten Standorten angeſiedelten Inſektenblütlern fehlt es deshalb an
Beſtäubern, ſodaß ſie vor den Windblütigen das Feld
räumen müſſen.

Obwohl die Alpen ein ſehr windreiches Gebiet ſind,
beträgt die Zahl der windblütigen Arten nur 16% (in
ganz Deutſchland 22%), was davon herrührt, daß der
Blütenſtaub bei den großen Windſtärken nicht nur über
die Abhänge hinfliegt, wo Individuen der gleichen Art
ſtehen, ſondern gerade ſo leicht über Täler und Kämme
hinüber; und wenn er dann glücklich wieder den Boden
erreicht, ſo iſt er vielleicht in ein ganz anderes Floren-
gebiet gelangt, hat alſo ſeinen Zweck verfehlt.

Während ſomit die Windbeſtäubung auf ebenem
Standorte gute Dienſte leiſtet, weil dort der Blütenſtaub
auf Blüten derſelben Art gelangen muß, iſt ſie in den
Alpen unpraktiſch, ſodaß die Inſektenblütler, die ihren
Pollen einem intelligenten Transportmittel anvertrauen,
die Windblütigen im Konkurrenzkampf bedeutend zurückgedrängt haben.

Der Einfluß des Windes auf die Ausſäungs-
vorrichtungen macht ſich dadurch geltend, daß an den
dem Wind ausgeſetzten Standorten die Pflanzen ſolche
Samen oder Früchte beſitzen, die vom Winde leicht fort-
geführt werden können, was durch Kleinheit der Samen,
Herabſetzung ihres Gewichtes, Flügel- und Haarbildungen

erreicht wird. Die für die Verbreitung durch Tiere eingerichteten Früchte und Samen befitzen entweder nahrhaftes Fleifch, das befonders die Vögel auffuchen, oder find mit Widerhaken ausgerüftet, die fich im Haarkleid der Säugetiere fefthalten, und darin weiterbefördert werden.

Über die Ausfäungsvorrichtungen der Alpenpflanzen, fpeziell der fchweizerifchen, find wir durch die Arbeit von Vogler*) gut unterrichtet. Es geht daraus hervor, daß $^6/_{10}$ der alpinen Arten durch den Wind ausgefät werden, womit fie den Durchfchnitt aller fchweizerifchen Arten (einfchließlich der alpinen) um 18 % überfteigen. Die durch Tiere verbreiteten Samenarten ftehen um 10 % hinter dem Mittel der ganzen Schweiz zurück, was bei der geringen Zahl von alpinen Säugetieren und Vogelarten begreiflich ift. Auch der Prozentfatz der durch Waffer oder auffpringende Früchte verbreiteten Samen ift in den Alpen geringer als in der ganzen Schweiz. Somit bildet der Wind in der alpinen Region das wirkfamfte Transportmittel für die Samen.

Befonders wichtig find dabei die an fchönen Tagen über die Hänge ftreichenden Talwinde; bei der dann herrfchenden Lufttrockenheit werden die Früchte und Samen frei, fodaß fie der Talwind an die Hänge hinauftragen, und fo diefelben befiedeln kann.

Demgegenüber fpielt der Föhn als Samen-Transportmittel nicht die große Rolle, die man ihm früher zufchrieb, da er verhältnismäßig felten weht und, weil abfteigend, ebenfowenig wie die nächtlichen Bergwinde Samen über die Kämme hinüberträgt.

Die Erfolge des Samentransportes durch fchwache Luftftrömungen machen fich bei dem fchrittweifen Vordringen der Pflanzen geltend, fehr deutlich befonders da, wo frifche Standorte eröffnet werden, z. B. durch Erd-

---

*) Vogler, P. Über die Verbreitungsmittel der fchweizerifchen Alpenpflanzen. Differtation Zürich 1901. (Auch „Flora" 1901. Bd. 89. Ergänzungsband.)

rutfche oder bei dem Rückgang eines Gletfchers. An
dem feit 1874 beobachteten Rhonegletfcher wurde z. B.
feftgeftellt, daß, je jünger eine Flora ift, defto größer ihr
Prozentfatz an Arten mit Windverbreitung.

Wenn fomit die fchwachen Winde für die Verbreitung der Alpenpflanzen von Bedeutung find, wird dies
für die ftarken Stürme noch eher zutreffen, die ja fchon
Salzkriftalle von einem halben Gramm bis zum Gott-
hard befördert haben, welche nur aus einem, mindeftens
250 km entfernten Salzgarten der Mittelmeerküfte ftammen
konnten. Daß da auch die viel leichteren Samen mitzu-
fliegen imftande find, liegt auf der Hand.

Solchen ftarken Winden haben auch die einer gewiffen Windrichtung ausgefetzten Gegenden ihren Artenreichtum teilweife zu verdanken, während benachbarte,
aber gegen den Wind abgefchloffene Täler durch ihre
Artenarmut auffallen. Befonders deutlich ift dies im
Wallis zu beobachten, wo die bis zum füdlichen Kamme
reichenden Täler (Einfifch- und Zermattertal) viele füdliche und füdweftliche Arten befitzen, die von den ftarken
Süd- und Südweftwinden aus den piemontefifchen Alpen
zugetragen wurden, während das tief eingefchnittene, befonders auch gegen Süden durch mächtige Eiskämme
abgefchloffene Turtmanntal eine fehr arme Alpenflora beherbergt, der füdliche Arten fehlen.

Der Wind fpielt fomit in den Alpen als Transportmittel der Samen eine hervorragende Rolle, während er
als Beftäubungsmittel zurücktritt.

Zufammenfaffung.

So find alfo fchon jetzt die hauptfächlichften Eigentümlichkeiten der Alpenpflanzen in Bau und Lebensweife
auf die in den Alpen herrfchenden, klimatifchen und
biologifchen Verhältniffe zurückzuführen:

der niedrige, gedrungene Wuchs auf tiefe Nachttemperatur und hohe Lichtintenſität während des Tages,

die ſtarke Wurzelentwicklung auf die Wärme
des Bodens, die Abweſenheit des Lichts und die kräftige
Ernährung durch die Blätter,

der Reichtum gewiſſer Familien an roten
Blüten auf das ſtarke Höhenlicht und die durch dasſelbe geſteigerte Zuckerbildung,

das Vorwiegen von Fliegen- und Falterblumen auf den Reichtum der Alpen an entſprechenden
Inſekten, wodurch die windblütigen Arten zurückgedrängt
wurden, ſchließlich

der Reichtum an Arten, deren Früchte und
Samen durch den Wind verbreitet werden, auf
die hohen Windintenſitäten.

Außer den Felſen- und Geröllbewohnern, die deut-
liche Anpaſſungen an ihre trockenen Standorte zeigen,
iſt die Alpenflora an halbfeuchte Standorte angepaßt.

Die Alpenflora kann ſomit wohl als Kälte- und Lichtflora, in gewiſſem Sinne auch als Windflora, nicht dagegen
als Trockenflora bezeichnet werden.

Weit davon entfernt, den von den Alpenpflanzen
ausgehenden Zauber zu zerſtören, locken die bisher ge-
wonnenen Kenntniſſe vielmehr dazu, immer tiefer in die
ungezählten Geheimniſſe einzudringen, die dieſe liebens-
würdigen Weſen uns noch verbergen.

II. Teil.

Tafeln.

Die **Hahnenfußgewächfe** oder **Ranunculaceen** find durch den Befitz von fcharfen, oft giftigen Stoffen und befonders durch die große Zahl von Staubblättern und Fruchtknoten ausgezeichnet.

Die Gattung **Ranunculus** hat eine doppelte, aus je fünf Blättern beftehende Blütenhülle. Die äußere ift als grüner Kelch, die innere als lebhaft gefärbte Krone ausgebildet; die Blätter der letzteren tragen am Grunde eine Honigdrüfe.

Ranunculus pyrenaeus. — *Tafel 1.* — Stengel 8—25 cm hoch, unverzweigt, aufrecht, mit wenigen, schmalen, kahlen, blaugrünen Blättern, welche mit ihrer Basis den Stengel umfassen. Blüten weiß, meist einzeln. Bau und Geftalt der Pflanze, befonders der Stengel und Blätter, erinnern auffallend an gewiffe Liliengewächfe.

Mehrjährig.
Blüht Juni Juli, bald nach der Schneefchmelze.
Befucher: Fliegen.
Früchtchen ohne Verbreitungsmittel.
Alpen, Pyrenäen.

Ranunculus parnassifolius. — **Herzblättriger Hahnenfuß.** — Stengel zuerft niederliegend, dann auffteigend, feidig behaart; 5—15 cm hoch. Die meiften Blätter grundftändig, lang geftielt, fpitzeiförmig, die oberen fchmal, den Stengel umfaffend. Blüten weiß, 1 cm groß, zu 1—3 auf einem Stengel. Kelch rötlich, behaart.

Mehrjährig. Blüht Juni bis Auguft.
Befucher: Fliegen.
Früchtchen ohne Verbreitungsmittel.
Kalkgerölle, Schiefer, Moränenfchull, 2300—2900 m.

Ranunculus parnassifolius

Alpen, Pyrenäen.

Feuchte Matten 1800-2700 Meter.

Ranunculus pyrenaeus.
Renoncule des Pyrénées.

Pyrenäen-Hahnenfuss.
Pyrenean Crowfoot.

Nasse Wiesen, Bachufer, Läger 500-2900 Meter.

Ranunculus aconitifolius.   Eisenhutblättriger Hahnenfuss.
Renoncule à feuilles d'aconit.   *Fair maid of France.*

Ranunculus aconitifolius. — *Tafel 2.* — 30—90 cm hoch, mit verzweigtem, vielblütigem Stengel. Blätter tief handförmig eingefchnitten mit 3—7 zugespitzten Abfchnitten. Blüten weiß, Kelchblätter fchwach behaart.

Mehrjährig. Blüht April bis Juli. Befucher: Fliegen. Früchtchen ohne Verbreitungsmittel.
Ebene bis 2900 m.
Mitteleuropa, Alpen, Pyrenäen.

Ranunculus alpestris. — **Alpen-Hahnenfuß.** — Bis 10 cm hoch, kahl, mit glänzenden Blättern; die grundftändigen im Umriß rund, fchwach 3—5fpaltig, die stengelftändigen fchmal. Blüten weiß, 1¹⁄₂ cm groß, meift einzeln.

Mehrjährig. Blüht während und bald nach der Schnee-
   fchmelze. Befucher: Fliegen.
Früchtchen ohne Verbreitungsmittel.
Feuchte Matten; Beftandteil der fogenannten Schnee-
   tälchen-Flora, 1500—2700 m.
Alpen, Pyrenäen, Karpathen.

Ranunculus montanus. — **Berg-Hahnenfuß.** — 6 bis 25 cm hoch. Stengel fteif, aufrecht, nicht oder wenig verzweigt.
Grundftändige Blätter handförmig
geteilt, mit fünf, meift dreifpitzigen
Lappen; gewöhnlich nur ein ftengel-
ftändiges, fchmal 5-teiliges Blatt.
Blüten gelb, 1—2 cm groß, meift
einzeln. Kelchblätter fchwach behaart.

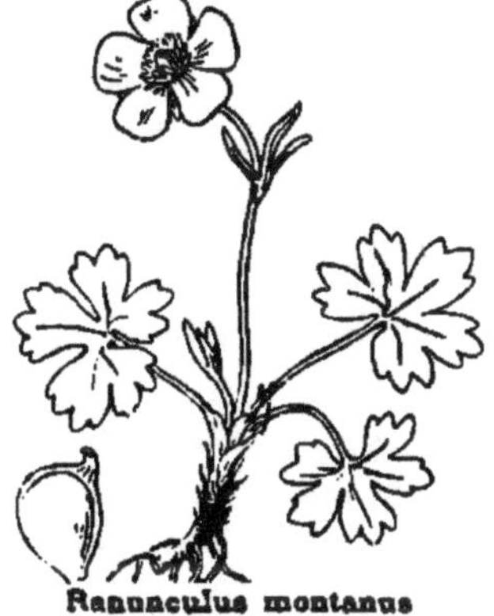

Mehrjährig.
Blüht Mai bis Auguft.
Befucher: Fliegen, Falter.
Früchtchen mit Flügelrand:
   Windverbreitung.
Kühle Matten, waldige Wei-
   den 1000—2900 m.
Alpen, Jura, Pyrenäen; Karpathen, Kaukafus.

Ranunculus glacialis. — *Tafel 3.* — 8—15 cm hoch, mit dick fleifchigen, niederliegenden bis auffteigenden Stengeln. Blätter ebenfalls fleifchig; die grundftändigen tief eingefchnitten, mit ftumpfen Lappen, die ftengelftändigen klein, einfach oder dreiteilig. Blüten einzeln, 1—3 cm groß. Blumenkronblätter weiß oder, befonders außen, rofarot, bleiben nach dem Blühen an den Früchten. Kelchblätter mit dunkeln Haaren.

Mehrjährig. Blüht Juli Auguft, im kurzen Sommer der nivalen Region.

Befucher: Fliegen, kleine Falter.

Früchtchen berandet: Windverbreitung.

Oft im Schneefchmelzwaffer. In der Schweiz am Gipfel des Finfteraarhorns bei 4275 m gefunden.

Alpen, Pyrenäen; nordpolare Länder, Altai, Himalaya.

Ranunculus Thora. — **Gift-Hahnenfuß.** — Mit Büfchel

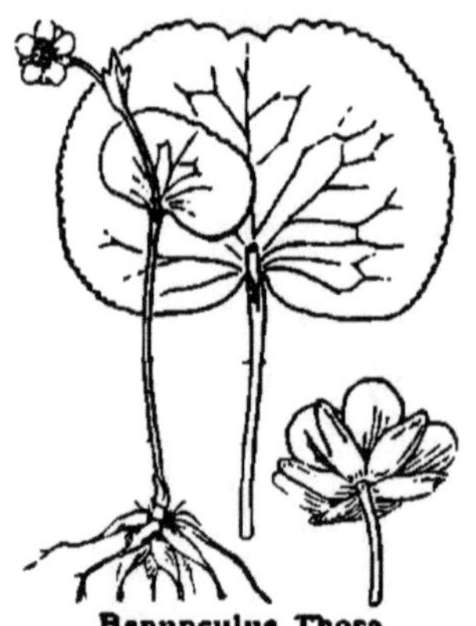

fpindelförmig verdickter Wurzeln. Stengel 10—25 cm hoch, ohne grundftändige Blätter. Oberhalb der Stengelmitte ein großes, rundliches, ungeftieltes, blaugrün glänzendes Blatt. Oberfte Blätter klein, fchmal. Blüten meift einzeln, gelb, kaum 1 cm groß. Kelchblätter kahl, faft fo lang wie die Krone.

Mehrjährig. Blüht Mai bis Juni. Befucher? Früchtchen ohne Verbreitungsmittel. In magerem Rafen, befonders auf Kalk, 1500—2000 m. Alpen, Jura, Pyrenäen, Karpathen.

Ranunculus Seguieri. — **Seguier's Hahnenfuß.** — 10—20 cm hoch, mit auffteigendem, kaum verzweigtem, oberwärts behaartem Stengel. Blätter tief handförmig eingefchnitten, fpitzlappig. Blüten weiß, 1—2 cm groß.

Mehrjährig. Blüht Juni bis Juli.

Befucher: wahrfcheinlich Fliegen.

Gerölle der höchften Kalkalpen von Italien, Dauphiné, Südtirol (fehlt der Schweiz).

Gerölle, Felsspalten 2300-400 Meter.

Ranunculus glacialis.   Gletscher Hahnenfuss, Gamskress.
Renoncule des glaciers.   *Glacier's Crowfoot.*

Gerölle, über 1800 Meter.

Anemone baldensis. Windröschen vom Monte Baldo
(Garda-See).

Anémone fraise. *Windflower of Monte Baldo* (Tirol).

Die **Anemonen** haben nur eine einzige, mehrblättrige
Blütenhülle, unter welcher drei größere oder kleinere
Hochblätter ftehen. Die Blüten find honiglos und werden
von den Infekten nur wegen des Blütenftaubes befucht:
Pollenblumen.

Anemone baldensis. — *Tafel 4.* — Pflanze mit langem,
verzweigtem Wurzelftock. Stengel 5—10 cm hoch, aufrecht,
behaart. Blätter im Umriß rundlich, Blattabfchnitte keilförmig, gezähnt. Hochblätter wie die grundftändigen ausgebildet.

Blüten einzeln, weiß, mit 5—8 außen röttlichen und behaarten Blättern. Früchte wollig behaart, in dichten Köpfchen.

Mehrjährig. Blüht Juli bis Auguft.

Befucher?

Früchtchen mit Wollhaaren: Windverbreitung.

Gerölle, Gefteinsfchutt, 1800—3000 m.

Alpen, Pyrenäen, Karpathen.

Anemone vernalis. — **Frühlings-Anemone.** — Seidig
behaart, 4—12 cm hoch, mit einem ein-
zigen Blütenfchaft. Blätter unpaarig
gefiedert mit fünf breiten dreifpaltigen
Abfchnitten. Hochblätter bis zur
Bafis in fchmale Zipfel geteilt.

Blüte groß, aufrecht, mit fechs
Blütenblättern, die innen weiß, außen
hell violett oder rofa gefärbt und
mit goldgelben Haaren bekleidet
find. Früchtchen zu federigem Köpfchen vereinigt.

Mehrjährig.

Blüht Mai Juni, fofort nach
der Schneefchmelze.

Anemone vernalis

Befucher: Fliegen, feltener Bienen und Falter.

Früchtchen mit Haarfchweif: Windverbreitung.

In kurzem, noch naffem Rafen, 1800—3600 m.

Alpen, Auvergne, Pyrenäen.

4*

Anemone alpina. — *Tafel 5.* — Ein bis mehrere,
10—20 cm hohe Blütenſchäfte, die ſich nach dem Blühen
zuweilen bis zu 40 cm ſtrecken. Blätter im Umriß dreieckig,
dreifach geteilt, mit gezähnten Abſchnitten. Die Hochblätter
gleichen den grundſtändigen.

Blüten mit ſechs innen weißen, außen bläulichen und etwas
behaarten Blütenblättern. Früchtchen zu federigem Köpfchen
vereinigt (fiehe Titelbild).

Mehrjährig.   Blüht Mai bis Juli.
Befucher: Fliegen, feltener Käfer.
Früchtchen mit Haarfchweif: Windverbreitung.
Weiden, Rafenbänder, Gerölle, 1200—2800 m.
Alpen, Jura, Vogefen; Auvergne, Pyrenäen; Kar-
      pathen, Harz, Nordafien.

Anemone sulfurea — Schwefelgelbe Küchenfchelle —
unterfcheidet fich von voriger durch die fchwefelgelben
Blüten und kleineren Früchtchen (nur 3—4,5 mm ſtatt
5 ·7 mm lang).

Wird vielfach nur als Varietät von *Anemone alpina*
aufgefaßt, die auf kiefelreichem Boden (Granit) eine andere Farbe angenommen. Dagegen ſpricht die Talfache,
daß *Anemone alpina* in den Vogefen trotz dem Granit-
boden weiß blüht. *Anemone sulfurea* ift deshalb als befondere Art zu behandeln.

Mehrjährig.   Blüht Juni bis Juli.
Befucher?
Früchtchen mit Haarfchweif: Windverbreitung.
Auf kiefelreichem Boden, Weiden, Rafenbänder, Ge-
      rölle, 1300—2800 m.
Alpen, Pyrenäen, Riefengebirge, Kaukafus.

Steinige Weiden, Rasenbänder, Geröllhalden, 1200-2800 Meter.

Anemone alpina.
Anémone des Alpes.

Alpen-Windröschen.
Alpine Flaw flower.

Matten, Weiden, Wildheuplanken 1300–2800 Meter.

Anemone narcissiflora.
Anémone à fleurs de narcisse.

Narcissblumiges Windröschen.
Narcissus-flowered Anemony.

Anemone narcissiflora. — *Tafel 6.* — Kurzhaarig, 30—40 cm hoch; grundständige Blätter langgestielt, fünfteilig, Abschnitte mit fchmalen Zipfeln. Hochblätter ungestielt, ebenfalls mit fchmalen Zipfeln.

Blüten etwa 1 cm groß, zu 2—6 in einer Dolde, innen weiß, außen röttlich angelaufen.

Mehrjährig. Blüht Mai bis Juli.

Befucher: Fliegen.

Früchte mit Flügelrand: Windverbreitung.

Weiden, Rafenbänder, 1300—2800 m.

Alpen, Jura, Vogefen; Pyrenäen; Karpathen, Kaukafus, afiatifche Polarländer und Hochgebirge.

Anemone Halleri — Haller's Anemone — gleicht der *Anemone vernalis*, unterfcheidet fich aber von derfelben durch die fchmäleren Blattabfchnitte und die dunklere Färbung der Blüten.

Mehrjährig.

Blüht Juni bis Juli, erft einige Zeit nach der Schneefchmelze.

Befucher?

Früchtchen mit Haarfchweif: Windverbreitung.

Sonnige Hügel, Weiden bis 3000 m.

Anemone Halleri

Alpen von Frankreich, Italien, Schweiz (nur im Gebiet von Zermatt), Öfterreich, Böhmen.

Aquilegia alpina. — *Tafel 7.* — Stengel aufrecht, 30—40 cm hoch, oberwärts klebrig. Blätter dreiteilig, mit tief dreifpaltigen Abfchnitten.

Blüten etwa 5 cm groß, hellblau, an zartem Stiele hängend. Blumenkronblätter in Form langer fpitzer Tüten (Honigbehälter) gegen den Stiel zurückgefchlagen. Äußere Blütenblätter flach, abftehend, ebenfalls blau.

Mehrjährig. Blüht Juni bis Juli.
Befucher: vermutlich Hummeln.
Samen ohne Verbreitungsmittel.
Alpen.

Aquilegia vulgaris. — **Gewöhnliche Akelei** oder **Narrenkappe** — mit zahlreichen, nur etwa 2 cm großen, dunkelblauen oder violetten Blüten.

Mehrjährig. Blüht Mai bis Juli.
Befucher: Gartenhummel.
Samen ohne Verbreitungsmittel.
Auf fteinigen Weiden und Heiden bis zur Baum-
	grenze (um 2000 m).

Delphinium elatum. — **Hoher Ritterfporn.** — Stengel

aufrecht, 1—2 m hoch. Zahlreiche, auf dem Stengel gleichmäßig ver- teilte Blätter mit 5—7 dreiteiligen Abfchnitten. Blüten zu langer Ähre vereinigt, blau, mit fpitzem Sporn (Honigbehälter). Früchte ohne Gran- ne (fiehe Zeichnung rechts unten). .

Mehrjährig. Blüht Juni bis Sept.
Befucher: Gartenhummel.
Samen geflügelt: Windverbreitung.
Kühle Matten, Bachufer.
1500 bis 2000 m.
Alpen von Frankreich und der Schweiz (felten), öftliche Pyrenäen, Mitteleuropa, Kleinafien.

Blockbesäte Weiden. Waldlichtungen 1650-2400 Meter.

Aquilegia alpina.
Ancolie des Alpes.

Alpen-Ackelei.
Alpine Columbine.

Wälder, blockbesäte Weiden, Läger bis 2400 Meter.

Aconitum Lycoctonum.

Aconit tue-loup.

Wolfs-Eisenhut.

Yellow Wolfs-bane.

Die Gattung **Aconitum** unterfcheidet fich wie *Delphinium* von den übrigen *Ranunculaceen* dadurch, daß die einzelnen Blütenblätter untereinander verfchieden find, was auf hochgradige Anpaffung an Infekten hinweift. Das obere, helmförmig gewölbte beherbergt zwei röhrenförmige Honigbehälter, welche nur von den Hummeln richtig entleert werden können, deren Verbreitungsgebiet fich faft genau mit demjenigen von *Aconitum* deckt.

Frifche Pflanzen giftig, vom Vieh nicht gefreffen; trocken unfchädlich. Das befonders in den Wurzeln enthaltene Aconitin wird in der Medizin verwendet.

Aconitum Lycoctonum. — *Tafel 8.* — Stengel gerade, aufrecht, bis 1 m hoch, schwach behaart. Blätter handförmig 5—7teilig. Blüten blaßgelb, in Trauben.

Mehrjährig. Blüht Juni bis Auguft.
Befucher: Hummeln.
Samen ohne Verbreitungsmittel.
Blockbefäte Wälder, Weiden, Läger, bis 2400 m.
Alpen, Mitteleuropa.

Aconitum paniculatum. — **Rifpiger Eifenhut.** —
Stengel hin und her gebogen, bis 1 m hoch. Blätter handförmig geteilt. Blüten blauviolett in kurzen lockeren Trauben.

Mehrjährig.
Blüht Juli bis September.
Befucher: Hummeln.
Samen mit Flügelrand: Windverbreitung.
Waldlichtungen, Gebüfche, kühle Weiden.
1200—2400 m.
Weftalpen, Jura.

Aconitum paniculatum

Trollius europaeus. — *Tafel 9.* — Stengel 20—40 cm
hoch, aufrecht, kahl. Blätter dunkelgrün glänzend, handförmig
fünfteilig. Blüte einzeln, kugelig, goldgelb. Im Innern außer-
halb der Staubblätter lange, fchmale, dunkelgelbe Honigblätter.

Mehrjährig. Blüht Mai bis Juli.
Befucher: Käfer, Fliegen.
Samen ohne Verbreitungsmittel.
Laubwaldzone bis 2100 m.
In den Gebirgen (Alpen, Jura, Vogefen, Schwarz-
    wald, Auvergne, Cevennen, Pyrenäen) und im
    Norden Europas.

Caltha palustris. — **Sumpf-Dotterblume.** — Stengel
dick fleifchig, hohl, 20—40 cm hoch.
Blätter rundlich-herzförmig, dunkelgrün; obere ungeftielt.

Blüten etwa 2 cm groß, weit
geöffnet, mit 5 dottergelben Blütenblättern ohne Honigdrüfen. Honig
am Grunde des Fruchtknotens aus-
gefchieden.

Mehrjährig.
Blüht April bis Juli.
Befucher: Fliegen, Käfer, Bienen.
Samen fchwimmfähig: Waffer-
verbreitung.

Feuchte, torfige Matten, Bachufer. Ebene bis 2300 m.
Europa, Afien, öftliches Nordamerika.

Feuchte Matten bis 2100 Meter.

Trollius europaeus.
Boule d'or.

Europaeische Trollblume.
Globeflower.

Gebüsche, Waldlichtungen über 1000 Meter.

Clematis (Atragene) alpina.
Clématite des Alpes.

Alpenrebe.
Alpine Virgin's bower.

Clematis (Atragene) alpina. — *Tafel 10.* — Schlingender, holziger Stengel mit je zu zweien einander gegenüberstehenden (gegenständigen) doppelt dreizähligen Blättern.

Blüten groß, nickend. Die vier äußeren Blütenblätter groß, violett, die 10—12 innern klein, fpatelförmig, mit Honigdrüfe. Früchtchen zu federigen Köpfchen vereinigt.

Mehrjährig. Blüht Mai bis Juli.
Befucher: Bienen, Hummeln.
Früchtchen mit Haarfchweif: Windverbreitung.
Gebüfche, Waldlichtungen, über 1000 m.
Alpen, Pyrenäen, Karpathen.

Thalictrum aquilegifolium. — **Akeleiblättrige Wiefenraute.** — Stengel aufrecht, bis 1 m hoch, kahl. Blätter zufammengefetzt, mit dünnen fteifen Stielchen. Blättchen breit, unterfeits bläulichgrün.

Blüten in dichten Büfcheln. Da die vier Blütenblätter fehr früh abfallen, verdanken die Blüten ihre zart violette Färbung ausfchließlich den zahlreichen Staubgefäßen.

Mehrjährig. Blüht Mai bis Juli.
Befucher: Käfer, Fliegen (Pollenblume ohne Honig).

Thalictrum aquilegifolium

Früchtchen dreikantig (fiehe Skizze): Windverbreitung.
Waldlichtungen, Gebüfche, frifche Wiefen, zwifchen Felsblöcken, 700—2000 m.
Alpen, Jura; Pyrenäen, Auvergne, Cevennen; Mitteleuropa, Nordafien.

Die **Papaveraceen und Nymphaeaceen** find durch ihren Blütenbau und den Befitz von Milchgefäßen verwandt. Befonders reichlich laffen alle Mohngewächfe bei der geringften Verletzung einen Milchfaft ausfließen, der das giftige Morphium enthält, welches die Medizin in kleinen Dofen als Beruhigungsmittel anwendet.

Papaver alpinum. — *Tafel 11.* — 4—15 cm hohe, etwas bläulich angelaufene Pflanze. Blüten einzeln, mit zwei grünen, fchwarzborftigen, beim Aufblühen abfallenden Kelchblättern und vier anfangs zerknitterten, feidenglänzenden, weißen, feltener rötlichen Kronblättern.

Mehrjährig. Blüht Auguft.
Befucher: Fliegen (Pollenblume ohne Honig).
Samen ohne Verbreitungsmittel.
Alpen, Pyrenäen, Karpathen, Nordpolarländer, Altai,
  Himalaya.

Papaver rhaeticum — **Bündner-Mohn** — mit goldgelben Blüten und breiteren, behaarten Blattzipfeln.
Engadin (Bernina) und Tirol, 1800—2900 m.

Nuphar pumilum. — **Kleine gelbe Seerofe.** — Der Wurzelftock trägt die langgeftielten, herz-eiförmigen, höchftens 15 cm langen Blätter, die auf der Wafferoberfläche fchwimmen. Blüten etwa 3 cm groß, mit 5 großen und zahlreichen kleinen gelben Blütenblättern mit Honigdrüfen.

Mehrjährig. Blüht Juni bis Juli.
Befucher: vermutlich Käfer und
  Fliegen.
Früchte fchwimmend: Wafferverbreitung.
Berg- und Alpenfeen von Mittel- und Nordeuropa (Alpen, Jura, Vogefen, Schwarzwald).

Gerölle der Kalkalpen 1200-2900 Meter.

Papaver alpinum.
Pavot des Alpes

Alpen-Mohn.
Alpine Poppy.

Felsen, steinige Halden 1000-2200 Meter.

Sisymbrium austriacum.
Roquette autrichienne.

Oesterreichische Rauke.
Austrian Rocket.

Die **Kreuzblütler** oder **Cruciferen** fchließen fich eng an die Mohngewächfe an. Ihren Namen haben fie von den vier kreuzweife geftellten Blumenkronblättern. Honigdrüfen im Grunde der Blüten; Beftäubung durch Infekten, im Notfalle Selbftbeftäubung.

Sisymbrium austriacum. — *Tafel 12.* — 20—60 cm hohe, aufrechte, verzweigte Pflanze. Blätter geftielt, denjenigen des Löwenzahns ähnlich. Blüten in langen Trauben.

Zweijährig. Blüht im Mai. Befucher: Fliegen, Bienen.
Samen ohne Verbreitungsmittel.
Alpen, Jura, Mitteleuropa, Pyrenäen.

Dentaria digitata. — **Gefingerte Zahnwurz.** Weißer fchuppiger Wurzelftock, mit 2—4 handförmig fünfteiligen Blättern. Blüten groß, violett oder rötlich.

Mehrjährig. Blüht Mai bis Juni.
Befucher?
Samen beim Auffpringen der Früchte herausgefchleudert.
Humusreicher Boden des Berg-Laubwaldes.

Dentaria digitata

Thlaspi rotundifolium

Thlaspi rotundifolium. — **Rundblättriges Täfchelkraut.** — Kriechender Wurzelftock mit Rofetten dick fleifchiger, bläulichgrüner, ungeteilter Blätter. Blüten violett, wohlriechend, in kurzer, dichter Traube.

Mehrjährig. Blüht Juli Auguft.
Befucher: Fliegen, Falter.
Früchte geflügelt: Windverbr.
Kalkgeröll 1600—3100 m.
Nur in den Alpen.

Sisymbrium (Hugueninia) tanacetifolium. — *Tafel 13.*
Schwach behaart, mit zahlreichen, 30—80 cm hohen, aufrechten, oberwärts verzweigten, dicht beblätterten Stengeln. Blätter hellgrün, gefiedert, Abſchnitte eingeſchnitten-geſägt. Blüten klein, gelb, lang geſtielt, mit Honiggeruch.

Mehrjährig. Blüht Juli.
Beſucher: Fliegen, Bienen, Falter.
Samen ohne Verbreitungsmittel.
Schweiz (Wallis), nördliche Alpen von Frankreich
 und Italien; Pyrenäen.

Arabis alpina. — **Alpen-Gäuſekreſſe.** — 10—30 cm hoch, behaart. Stengel beblättert, oft mit grundſtändiger Blattroſette. Blätter ſpitz-eiförmig, grob gezähnt. Blüten weiß, in Trauben.

Arabis alpina

Mehrjährig.
Blüht Mai bis Auguſt.
Beſucher: Fliegen, ſeltener Falter.
Samen berandet: Windverbreitung.
Felsſpalten, Gerölle, 500—3000 m.
Alpen, Jura, Pyrenäen, Karpathen,
 Kaukaſus, Nordpolarländer,
 Himalaya.

Arabis caerulea. — **Blaue Gänſekreſſe.** — Meiſte Blätter in grundſtändiger Roſette; 1 bis 3 kleinere Blätter auf dem 5—10 cm hohen Stengel. Blüten bläulich.

Mehrjährig.
Blüht Juli bis Auguſt.
Beſucher?
Samen mit breitem Flügel (ſiehe
 Skizze rechts unten): Windverbreitung.
Felsblöcke, feuchte Felſen.
Alpen. 2000—3000 m.

Arabis caerulea.

Felsen, Gerölle, Rasenbänder 1500–2300 Meter

Sisymbrium tanacetifolium.
Roquette à feuilles de tanaisie.

Rainfarnblättrige Rauke.
Tansy-leaved Rocket.

Felsen, Gesteinsschutt. Bis 2800 Meter.

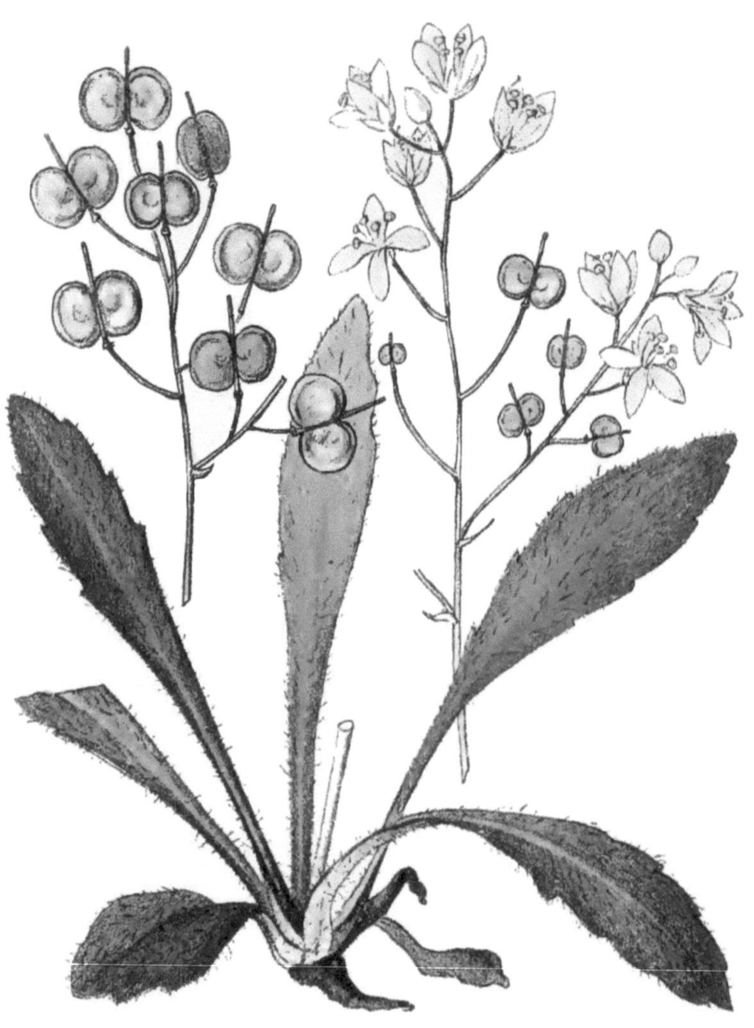

Biscutella laevigata.
Lunetière.

Brillenschötchen.
Biscutella.

Biscutella laevigata. — *Tafel 14.* — Stengel verzweigt, dünn, brüchig, 10—40 cm hoch, fchwach beblättert. Meifte Blätter in grundftändiger Rofette, ungeteilt, fchwach gezähnt, fteifhaarig. Blüten hellgelb, in Trauben.

Mehrjährig. Blüht Juli bis Auguft.
Befucher: Fliegen, Bienen, Falter.
Früchte 5—10 mm breit, brillenförmig: Windverbr.
Felfen, Gefteinsfchutt, fteinige Orte, bis 2000 m.
Alpen, Pyrenäen, Karpathen,. warme Täler von
     Deutfchland und Frankreich.

Hutchinsia alpina. — **Alpen-Gemskreffe.** — 3—8 cm hoch, Blätter gefiedert, meift mit fünf Abfchnitten. Blüten fchneeweiß, in Trauben.

Mehrjährig. Blüht April bis Auguft.
Befucher: Fliegen.
Samen ohne Verbreitungsmittel.
Häufig in Geröllen und Gefteins-
     fchutt, Felfen, 1700—3300 m.
     Steigt oft mit den Bächen
     ins Tal.
Alpen, Jura, Pyrenäen, Karpathen.

Hutchinsia alpina

Draba aizoides. — **Mauerpfeffer-Hungerblume.** — Blütenfchäfte 4—10 cm hoch, aufrecht, unverzweigt, kahl. Blätter in dichter, grundftändiger Rofette, fchmal, fpitz, fteifhaarig. Blüten gelb, in kurzen Trauben.

Mehrjährig. Blüht März bis Juli.
Befucher: Fliegen, Falter.
Samen fehr klein: Windver-
     breitung.
Felfen, befonders auf Kalk.
1000—3400 m.
Alpen, Jura, Cevennen, Pyre-
     näen; Karpathen.

Draba aizoides

Die **Violaceen** find durch die Ungleichheit ihrer fünf Blumenblätter und den Befitz eines rückwärts gerichteten fchlauchartigen Honigbehälters, eines „Sporns", ausgezeichnet. Ihre hauptfächlichften Befucher find in der Ebene die Bienen. Samen beim Auffpringen der Früchte herausgefchleudert.

Viola calcarata. — *Tafel 15.* — Pflanze kahl, 2—10 cm hoch. Stengel zart. Blätter lang eiförmig, gekerbt, zu lockerer, grundftändiger Rofette vereinigt. Blume groß, violett, beim Schlundeingang gelb. Sporn 13—25 mm lang.
Mehrjährig. Blüht Juli bis Auguft.
Befucher: Falter; bei den längftfpornigen Blüten kann nur der *Taubenfchwanz* den Honig erreichen.
Schleuderfrucht.
Alpen, Jura, Kaukafus.

Viola cenisia. — **Veilchen des Mont-Cenis.** — Dem vorigen ähnlich, jedoch die Blätter kurzeiförmig, nicht gekerbt, in Rofette. Blüte groß, violett: Sporn nur fo lang als die Kelchblätter.
Mehrjährig. Blüht Juli bis Auguft.
Befucher: wahrfcheinlich Falter. Schleuderfrucht.
Kalkgerölle, 1600—2500 m. Alpen, Pyrenäen.

Viola pinnata. — **Fiederblättriges Veilchen.** — Ohne unterirdifchen Stengel. Alle Blätter grundftändig, im Umriß rundlich, handförmig in 3—5 Lappen mit fchmalen Abfchnitten geteilt. Blüten klein, violett oder hellblau, fchwach duftend.

Mehrjährig. Blüht Juni bis Juli.
Befucher: wahrfcheinlich Bienen.
Schleuderfrucht.
Sonnige Felfen, 1000—1900 m.
Weft- und Oftalpen, Altai.

Viola pinnata

Matten, Gerölle 1800–3000 Meter.

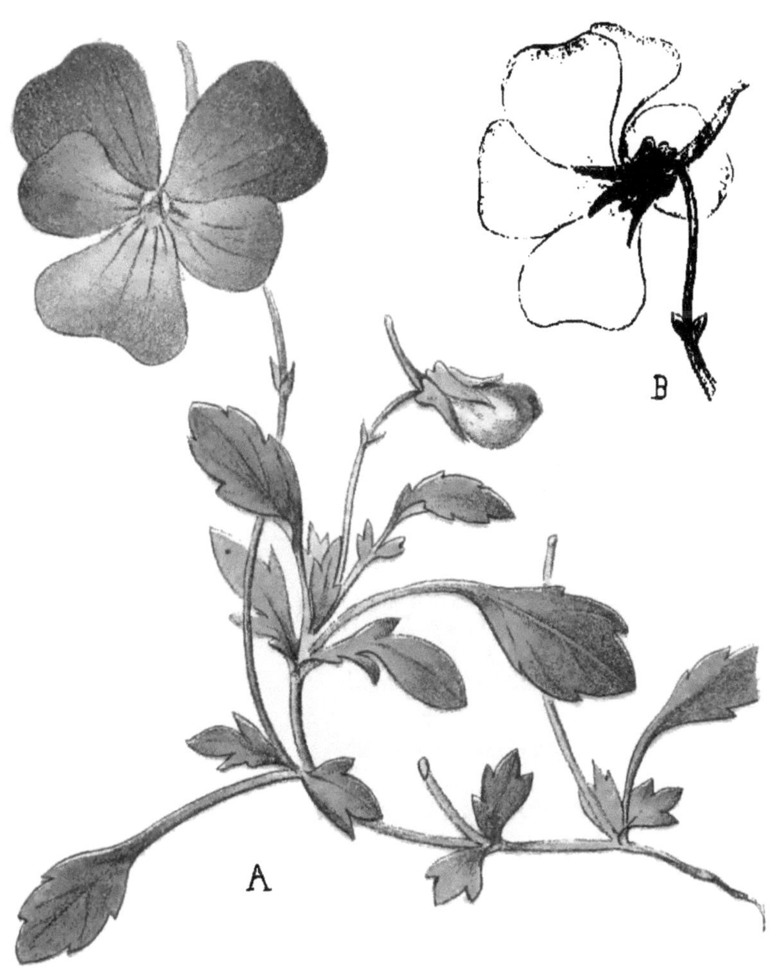

Viola calcarata.
Violette éperonnée.

Langsporniges Veilchen.
Alpine Pansy.

A. — **Viola biflora.**
Zweiblütiges Veilchen.
Violette à deux fleurs.
Two-flowered Violette.

B. — **Parnassia palustris.**
Sumpfherzblatt.
Parnassie des marais.
Grass of Parnassus.

Viola biflora. — *Tafel 16 A.* — Stengel dünn, 5—10 cm hoch. Blätter rundlich, fchwach gekerbt, hellgrün, die unteren lang geftiell. Blüten meift zu zweien, klein, gelb mit brauner Zeichnung. Sporn kurz.

Mehrjährig. Blüht Mai bis Auguft.
Befucher: Fliegen. Schleuderfrucht.
Alpen, Vogefen, Auvergne, Cevennen, Pyrenäen,
    Nordpolarländer, afiatifche Hochgebirge.

Viola palustris. — **Sumpf-Veilchen.** — Niedrige Pflanze. Blätter grundftändig. rundlich, hellgrün. Blüten klein, hellviolett, geruchlos, mit kurzem, dickem Sporn.

Mehrjährig. Blüht Mai bis Juni.
Befucher? Schleuderfrucht.
Feuchte, torfige Matten.
1000—2100 m.
Mitteleuropa, Alpen, Jura,
    Auvergne, Cevennen, Pyrenäen.

Viola palustris

Droseraceen.

Parnassia palustris. — *Tafel 16 B.* — Stengel gerade, aufrecht, 8—30 cm hoch. Blätter herzförmig, blaßgrün, die meiften in grundftändiger Rofette, geftielt; das ftengelftändige ungeftielt.

Blüten weiß, in der Ebene 2½ cm, in den Alpen 1½ cm groß. Innerhalb der fünf Kronblätter fünf merkwürdig gefranfte Organe, an deren Grund je eine Honigdrüfe liegt.

Mehrjährig. Blüht Juli bis Auguft.
Befucher: Fliegen, werden durch die glänzenden
    Knöpfchen der Franfen angelockt.
Samen klein, berandet: Windverbreitung.
Sehr weit verbreitet: Mitteleuropa, Alpen, Pyrenäen,
    Nordpolarländer, afiatifche Hochgebirge.

Die **Sileneen** oder **Nelkengewächfe** befitzen fchmale Blätter, die je zu zweien einander gegenüberftehen (gegenftändig find).   Blüten mit radförmig ausgebreiteter Krone über tief röhrenförmigem Kelche, in deffen Grunde der Honig liegt, nur langrüßligen Infekten zugänglich.

Dianthus silvestris. — *Tafel 17 A.* — Pflanze kahl, oft bläulichgrün, 5—25 cm hoch.   Stengel fchwach beblättert, mit ein bis drei geruchlofen Blüten.   Unter dem Kelche kurze, dreieckige Schuppen.   Kronblätter hellrofa, kahl.

Mehrjährig.   Blüht Juli bis Auguft.
Befucher: Tagfalter.
Samen mit Flügelrand: Windverbreitung.
Alpen, Jura, Pyrenäen.

Dianthus neglectus. — *Tafel 17 B.* — Pflanze kahl, rafig, höchftens 10 cm hoch. Blätter flach, in Rofette. Stengel aufrecht.   Unter dem Kelche lange fpitze Schuppen.   Blüten groß, rot, Kronblätter oberfeits etwas behaart.

Mehrjährig.   Blüht Juli.
Befucher: wahrfcheinlich Tagfalter.
Halden, trockene Felfen, bis 2500 m.
Südalpen (Dauphiné, Provence), Pyrenäen.

Dianthus Seguieri. — **Seguier's Nelke.** — Der vorigen ähnlich, aber 20—40 cm hoch, mit verzweigtem Stengel. Schuppen des Kelches fpitz, fo lang als er felbft.

Blüten groß, rot, mit purpurnem Ring in der Mitte; am Schlundeingang behaart.

Mehrjährig.   Blüht Juni.
Befucher: vermutlich Tagfalter.
Trockene Matten.
1000—1600 m.
Südliche Alpen, Pyrenäen.

Dianthus Seguieri

Weiden und steinige Abhänge bis 250 Meter.

A. — **Dianthus silvestris.**
Waldnelke.
Œillet des forêts.
Wood-Pink.

B. — **Dianthus neglectus.**
Lange übersehene Nelke.
Œillet du Lautaret.
A long time not observed Pink.

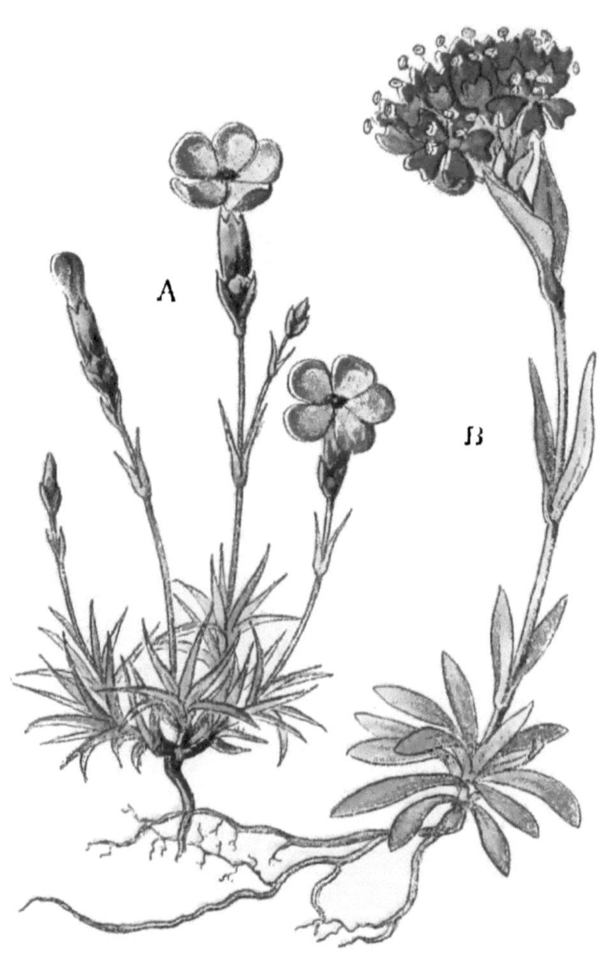

A. **Dianthus subacaulis.**
Kurzstengelige Nelke.
Œillet à courte tige.
Nearly acaulous Pink.

B. — **Lychnis alpina.**
Alpen-Lichtnelke.
Lycnide des Alpes.
Alpine Ragged Robin.

Dianthus subacaulis. — *Tafel 18 A.* — Pflanze kahl,
rafig, mit nur 3—15 cm hohen Stengeln. Diefe mit zwei bis
drei Paaren kurzer, fteifer, blaugrüner Blätter. Blüten einzeln,
rot, geruchlos. Kelch kurz, bauchig; feine Schuppen halb
fo lang als er felbft. Kronblätter kahl.

> Mehrjährig. Blüht Mai bis Auguft.
> Befucher: vermutlich Tagfalter.
> Samen flach: Windverbreitung. Befonders auf Kalk.
> Südliche Alpen (Dauphiné, Provence), Cevennen,
>   Pyrenäen.

Dianthus caesius. — **Blaugrüne Nelke.** — Ganze
Pflanze deutlich blaugrün, dicht rafig,
5—20 cm hoch. Blätter flach, am
Rande rauh.

Blüten groß, meift einzeln, wohlriechend. Schuppen unter dem Kelche
kurz. Kronblätter purpurrot, am
Schlundeingang behaart.

> Mehrjährig. Blüht Juli.
> Befucher: vermutlich Falter.
> Samen flach: Windverbreitung.
> Felfen, Rafenbänder.
> Alpen, Jura, Auvergne.

Dianthus caesius

Lychnis alpina. — *Tafel 18 B.* — Pflanze kahl, rafig,
mit grundftändigen Blattrofetten. Stengel aufrecht, 5—15 cm
hoch, unverzweigt, mit drei bis vier Blattpaaren und einem
dichten Strauß lebhaft roter, kurzgeftielter Blüten. Kelch
bauchig erweitert.

> Mehrjährig. Blüht Juli bis Auguft.
> Befucher: Tagfalter.
> Samen flach: Windverbreitung; auf Urgeftein.
> Alpen, Pyrenäen, Nordpolarländer, Altai.

Lychnis Flos Jovis. — *Tafel 19 A.* — Ganze Pflanze weiß wollig behaart. Stengel 20—40 cm hoch, aufrecht, unverzweigt. Blätter länglich eiförmig. Blüten hellrot, in flachem Strauß.

Mehrjährig. Blüht Juli.
Befucher: Tagfalter.
Samen ohne Verbreitungsmittel.
Alpen der füdlichen Schweiz, Piemont, Dauphiné.

Silene acaulis. — *Tafel 19 B.* — Polfterpflanze mit zahlreichen, kurzen Stengeln, die bis 30 cm große Rafen bilden. Blätter kurz fpitz, fehr dicht ftehend. Die purpurnen Blüten erheben fich kaum über die Blätter. Kelch kurz, glockenförmig.

Mehrjährig. Blüht Juni bis Auguft.
Befucher: Falter, feltener Bienen, Fliegen und Käfer.
Samen ohne Verbreitungsmittel.
Alpen, Pyrenäen, Karpathen, Nordpolarländer, Ural.

Silene vallesia. — **Wallifer Leimkraut.** — Klebrig drüfenhaarig, rafenbildend. Stengel 5—15 cm hoch, zuerft niederliegend, dann aufrecht. Blätter nicht in Rofetten. Blüten einzeln, entfpringen auf langen Stielen aus den Achfeln der oberen Blätter. Kelch keulenförmig. Kronblätter einwärts gerollt, innen rein rofa, außen fchmutzig rot, zweifpaltig.

Mehrjährig. Blüht Juli.
Befucher: vermutlich Falter und
  Hummeln.
Samen ohne Verbreitungsmittel.
Felfen, Gerölle der Nadelholzregion.

Silene vallesia

Wallis, franzöfifche und italienifche Alpen.

A. **Lychnis Flos-Jovis.**
Jupiters Lichtnelke.
Lycnide fleur de Jupiter.
Ragged Robin of Jupiter.

B. — **Silene acaulis.**
Stengelloses Leimkraut.
Silène sans tige.
Cushion Pink.

Weiden, steinige Abhänge der
Alpen bis 1800 Meter.

Steinige Abhänge, Felsen
bis 2400 Meter.

A.   **Gypsophila repens.**
Kriechendes Gypskraut.
Gypsophile rampante.
Creeping Gypsophila.

B. — **Saponaria ocymoides.**
Basilienartiges Seifenkraut.
Saponaire faux-basilic.
Trailing Soapwort.

Gypsophila repens. — *Tafel 20 A.* — Pflanze kahl, rasenbildend. Stengel 10—25 cm hoch, zuerst niederliegend, dann aufrecht, schwach beblättert. Blätter dick, bläulichgrün. Blüten innen weiß, außen rofa, in aufrechten Trauben.

Mehrjährig. Blüht Mai bis Juli.
Befucher: vorwiegend Fliegen, daneben auch Hummeln und Falter.
Samen klein: Windverbreitung.
Weiden, Gerölle, 400—2700 m.
Alpen, Jura, Pyrenäen, Karpathen.

Saponaria ocymoides. — *Tafel 20 B.* — Niederliegend, bis 15 cm hohe, große Teppiche bildend, behaart. Stengel oberwärts klebrig, bis oben beblättert. Blüten lebhaft rot, in Trauben.

Mehrjährig. Blüht Mai bis Juli.
Befucher: Falter, feltener Hummeln.
Samen ohne Verbreitungsmittel.
Gefteinsfchutt, Gerölle, befonders auf Kalk.
Voralpen bis 2400 m; fteigt zuweilen mit den Bächen ins Tal.
Alpen, Jura, Auvergne, Cevennen, Pyrenäen.

Saponaria lutea. — **Gelbes Seifenkraut.** — Stengel aufrecht, unverzweigt, dichte Rafen bildend, 5—10 cm hoch, befonders unterwärts dicht beblättert. Untere Blätter kahl, obere kurzhaarig.

Blüten in dichtem Strauße, fchwefelgelb, am Schlundeingang fchwarzviolett.

Mehrjährig. Blüht Juli Auguft.
Befucher?
Samen ohne Verbreitungsmittel.
Sonnige Felfen der füdlichen Alpen (Dauphiné, Italien).

Saponaria lutea

Die **Hypericaceen oder Harthengewächfe** find durch
den Befitz von Ölbehältern ausgezeichnet, die in den Blättern
oft als durchfcheinende Punkte fichtbar find. Die Blätter ftehen
fich paarweife gegenüber. Blüten mit zahlreichen Staubgefäßen, ohne Honig: Pollenblumen.

Hypericum Richeri. — *Tafel 21.* — Pflanze kahl, mit
holzigem Wurzelftock. Stengel aufrecht, 20—40 cm hoch,
rund. Blätter ungeftiélt, eiförmig, am Rande mit fchwarzen
Punkten. Blüten groß, in einer Traube. Kelchblätter gefranft, fchwarz punktiert, ebenfo die gezähnten, goldgelben
Kronblätter.

Mehrjährig. Blüht Juli.
Befucher: wahrfcheinlich Fliegen, Bienen und Hum-
meln, Falter.
Samen ohne Verbreitungsmittel.
Weiden und Bergwälder 1200—1700 m.
Pyrenäen, Weftalpen, Jura, Oftalpen, Kaukafus.

Hypericum quadrangulum. — **Vierkantiges Johanniskraut.** — Pflanze kahl, 20—60 cm
hoch. Stengel aufrecht, fchwach
verzweigt, vierkantig. Blattrand mit
fchwarzen Punkten. Blüten goldgelb in lockerem Strauß. Kelchblätter nicht gefranft. Kelch- und
Kronblätter fchwarz punktiert.

Mehrjährig. Blüht Juni bis Auguft.
Befucher: Fliegen, Bienen, Hum-
meln.
Samen ohne Verbreitungsmittel.
Gebüfche und Weiden.
Ebene bis 2100 m.
Alpen, Jura, Vogefen.

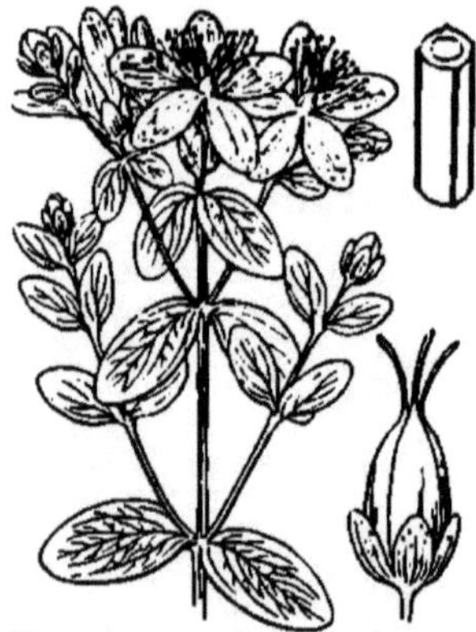
Hypericum quadrangulum

Weiden, Bergwälder 1200–1700 Meter.

Hypericum Richeri.
Millepertuis de Richer.

Richers Johanniskraut.
Richer's Tutsan.

Bachufer, feuchte Matten bis 2500 Meter.

Geranium rivulare.
Géranium des ruisseaux.

Bach-Storchschnabel.
Water-Cranesbill.

Die **Storchfchnabelgewächfe** haben ihren Namen von
den lang fchnabelartigen Früchten; diefelben fpringen bei der
Reife plötzlich auf und fchleudern dabei die Samen einige
Meter weit heraus: Schleuderfrüchte.

Geranium rivulare. — *Tafel 22.* — Dicht weichhaarig,
15—40 cm hoch mit anfangs niederliegenden, dann aufrechten
Stengeln. Blätter tief handförmig in fünf bis fieben fchmale
Abfchnitte geteilt. Blüten weiß, mit violetten Adern, je zu
zweien in lockerem Stande.

> Mehrjährig. Blüht Juli.
> Befucher: Fliegen, Bienen und Hummeln, Falter.
> Schleuderfrüchte.
> Alpen der Schweiz, Frankreich, Italien, Südtirol;
>   in den Pyrenäen fehr felten.

Geranium argenteum. — **Silber-Storchfchnabel.** —
Kleine, filberweiß behaarte Pflanze.
Faft alle Blätter grundftändig, mit
kreisförmigem Umriß, handförmig in
fünf bis fieben dreiteilige Abfchnitte
geteilt. Blüten groß, blaßrofa. Blütenftiele zart, länger als die Blätter, mit
je zwei Blüten. Kronblätter nach
unten allmählich verjüngt, oben
etwas ausgebuchtet.

> Mehrjährig.
> Blüht Juli bis Auguft.
> Befucher?
> Schleuderfrüchte.
> Felsfpalten der Alpenregion.
> Alpen, fehlt den Seealpen.

Geranium argenteum

Geranium cinereum — Afchgrauer Storchfchnabel —
gleicht dem vorigen, jedoch graugrün und Blumenkronblätter
an der Bafis plötzlich verfchmälert.

> Wie voriger. Befucher: Fliegen, Bienen, Falter.
> Pyrenäen.

Geranium silvaticum. — *Tafel 23.* — Dicht weichhaarige, oberwärts klebrige Pflanze. Stengel kräftig, 30—60 cm
hoch, aufrecht. Blätter handförmig faſt bis zum Blattſtiel
in 5—7 lang gezähnte Abfchnitte gefpalten. Blüten rotviolett, in lockerem Stande. Blütenſtiele lang, klebrig, mit
je zwei Blüten. Kronblätter an der Baſis behaart.

Mehrjährig. Blüht Juni bis Juli.
Befucher: Fliegen, Bienen und Hummeln, Falter.
Schleuderfrucht.
Mähwiefen, Wälder, feuchte Täler, befonders auf
    Kiefelboden.
Von der Buchenregion bis über 2000 m.
Alpen, Jura, Vogefen, in Deutfchland zerſtreut, Cevennen, Pyrenäen.

Geranium macrorrhizum. — **Dickwurzliger Storchfchnabel.** — Pflanze dicht weichhaarig, mit dick fleifchigem Wurzelſtock.
Stengel 10—30 cm hoch, aufrecht,
oberhalb der Blattinfertionen knotig
verdickt. Blätter geſtiell, handförmig
5—7 fpaltig, mit gezähnten Abfchnitten.

Geranium macrorrhizum.

Blüten groß, rot, in lockeren
Trauben. Blütenſtiele mit je zwei
Blüten. Kelchblätter abſtehend, rötlich. Kronblätter an der Baſis behaart, kürzer als die Staubgefäße.

Mehrjährig. Blüht April bis Juni.
Befucher: wahrfcheinlich Bienen
und Hummeln.
Schleuderfrucht.
Wälder, Felfen, 800—1400 m.
Südliche Alpen (Seealpen, Italien), Schwarzwald, Südtirol, Krain.

Kühle Wiesen, Wälder bis 2300 Meter.

Geranium silvaticum.
Géranium des forêts.

Wald-Storchschnabel.
Wood Cranesbill.

Trockene Matten, steinige Abhänge bis 2200 Meter.

Linum alpinum.
Lin des Alpes.

Alpen-Lein.
Alpine Flax.

Linum alpinum. — *Tafel 24.* — Der Alpenlein treibt aus feinem harten Wurzelftock zahlreiche zarte, 10—50 cm hohe Stengel, die oft niederliegen. Blätter fchmal, fpitz, in großer Zahl gleichmäßig auf dem Stengel verteilt.

Blüten etwa 2 cm groß, zu wenigblütigen, lockeren Trauben vereinigt. Kronblätter blau, fallen fehr leicht ab.

Mehrjährig. Blüht Mai bis Auguft.

Befucher: vermutlich Fliegen.

Samen geflügelt: Windverbreitung.

Trockene Matten, fteinige Abhänge der Voralpen bis 2200 m; auf Kalk.

Alpen, Jura, Pyrenäen.

Rhamnus alpina. — **Alpen-Wegdorn.** — Kräftige, 1—3 m hohe Holzpflanze. Äfte knorrig, in der Jugend weichhaarig, dicht beblättert. Blätter dunkelgrün, eiförmig zugefpitzt, fehr fein gezähnt, mit ftark hervortretenden Nerven. Staubgefäße und Fruchtknoten in verfchiedenen Blüten und diefe auf verfchiedenen Stöcken, grünlich, in kleinen dichten Büfcheln in den Achfeln der Blätter.

Mehrjährig. Blüht Mai bis Juni.

Befucher: vermutlich Käfer, Fliegen, Bienen, Hummeln.

Frucht eine fleifchige, kugelige, bei der Reife fchwarze Beere: durch Vögel verbreitet.

Rhamnus alpina.

Felfen, Gerölle der Kalkhügel, bis 2500 m.

Gebirge von Mittel- und Südeuropa (Alpen, Jura), von Nordafrika, Kaukafus, vielleicht Himalaya.

Die **Papilionaceen** find durch die auffallend geftalteten, fogen. Schmetterlingsblüten ausgezeichnet. Von den fünf Kronblättern ift das obere als „Fahne" breit, aufgerichtet, während die vier übrigen gerade vorgeftreckt die Staubgefäße und den Fruchtknoten umfchließen. Befucher vorwiegend Bienen und Hummeln. Eine meift mit zwei Klappen auffpringende Hülfenfrucht.

Anthyllis Vulneraria afflnis. — Alpen-Wundklee. — *Vulnéraire des Alpes. — Alpine Kidney Vetch. — Tafel 25.* — Alpenform unferes *Wiefenklees, Anthyllis Vulneraria vulgaris,* mit kräftigem Wurzelftock und aufrechten, krautigen Stengeln. Diefe jedoch niedriger und Blätter mit größerem End- und kleineren Seitenblättchen. Außerdem Kronblätter weißlich (ftatt gelb) und, befonders die beiden untern (das Schiffchen), rot geftreift.

> Mehrjährig (Ebenen-Form einjährig).
> Blüht Juni Juli.
> Befucher: Hummeln.
> Hülfe im aufgeblafenen Kelch: Windverbreitung.
> Magere Wiefen, Felfen. 1000—2500 m.
> Südliche Ketten der Alpen.

Anthyllis montana. — Stark verzweigte, auf dem Boden niederliegende, 10—15 cm dicke Teppiche bildende Pflanze, die weiß behaart ift. Blätter mit 8—15 Paaren feitlicher Blättchen und einem Endblättchen. Blüten lebhaft rot, wohlriechend, in kugeligen Köpfchen.

> Mehrjährig. Blüht Mai bis Juli.
> Befucher: Bienen, Hummeln, Schmetterlinge.
> Hülfe im aufgeblafenen Kelch vom Wind verbreitet.
> Felfen, trockene Rafenbänder. 600—1800 m.
> Alpen, Jura, Cevennen, Pyrenäen, Gebirge der Mittelmeerländer.

Felsen, trockene Rasenbänder 600-1800 Meter.

Anthyllis Vulneraria affinis.
Vulnéraire des Alpes.

Alpen-Wundklee.
Alpine Kidney Vetch.

Magere, steinige Weiden 1600–2700 Meter.

Phaca astragalina.
Phaque astragale.

Tragantartige Berglinse.
Astragalus bastard Vetch.

Phaca astragalina (Astragalus alpinus). — *Tafel 26.* —
Zarte 8—15 cm hohe Pflanze mit zuerſt niederliegenden,
dann auffteigenden, dünnen Stengeln. Blätter unpaarig gefiedert, mit 8—12 Paaren länglich ovaler Blättchen.

Blüten violett oder blaßblau mit weißer Zeichnung, in
kurzer kugeliger Traube, auf hohem, zartem Schaft.

. Mehrjährig. Blüht Juli bis Auguſt.
Befucher: Hummeln, Falter.
Frucht aufgeblafen: Windverbreitung.
Magere Weiden, Felſen, 1600—2700 m.
Alpen, Pyrenäen, Karpathen, Kaukafus, Nordpolar-
    länder, Ural, Altai, Himalaya.

Phaca frigida. — Kälteliebende Berglinfe. — Große
Pflanze mit dickem Wurzelſtock, der
oft lange, unterirdifche Ausläufer
treibt. Stengel gleichmäßig beblättert, 20—60 cm hoch. Blätter
unpaarig gefiedert, mit 3—8 Blätter-
paaren; an der Blattbafis zwei blaß-
gelbe Nebenblättchen.

Blüten in einer Traube. Kelch
faft kahl, Kronblätter weißgelb.

Mehrjährig.
Vorzügliches Gemfenfutter.
Blüht Juli bis Auguſt.
Befucher: vermutlich Hum-
    meln.

Phaca frigida

Frucht aufgeblafen: Windverbreitung.
Im Schatten von Felsblöcken, befonders auf Kalk.
1500—2700 m.
Alpen, Karpathen, Nordpolarländer, Ural, Altai.

Phaca alpina. — *Tafel 27.* — Behaarte, ſtark beblätterte
Pflanze mit aufrechten, ſteifen, verzweigten Stengeln. Blätter
unpaarig gefiedert, mit 8—15 Paaren länglich eiförmiger,
ziemlich kleiner Blättchen. An der Blattbaſis zwei ſchmale
abſtehende Nebenblätter.

Blüten zu 6—12 in einer einſeiligen Traube, auf langem,
dünnem Stiel. Kelch behaart. Krone gelb.

Mehrjährig. Blüht Juli bis Auguſt.
Beſucher: Hummeln, Falter.
Hülſe aufgeblaſen: Windverbreitung.
Felſen und Weiden.
Alpen, Pyrenäen.

Phaca australis. — **Südländiſche Berglinſe.** — Niederliegende, zarte Pflanze mit ausge-
breiteten Äſten. Blätter unpaarig
gefiedert, mit 4—8 Paaren länglich
eiförmiger Blättchen und kleinen
ſchmalen Nebenblättern.

Blüten ſchmutzig-weiß; zu 8 bis
16 in dichten eiförmigen Trauben.
Die beiden untern, das ſogenannte
Schiffchen bildenden Kronblätter
ſchwarz-violett. Kelch behaart.

Mehrjährig. Blüht Juli Auguſt.
Beſucher?
Hülſe ſtark aufgeblaſen: Wind-
verbreitung.

Phaca australis

Felſen, ſteinige Weiden, 1600—2300 m.
Alpen, Pyrenäen; Karpathen, Nordpolarländer.

Weiden, zwischen Felsblöcken der alpinen Region.

Phaca alpina.
Phaque des Alpes.

Alpen-Berglinse.
Alpine bastard Vetch.

Trifolium alpestre.
Trèfle alpestre.

Alpen-Klee.
Alpine Trefoil.

Trifolium alpestre. — *Tafel 28.* — Stengel fteif, aufrecht, unverzweigt, behaart. Blätter kurz geftielt, oberwärts gegenftändig, mit je drei länglich eiförmigen, fein gezähnten und behaarten Blättchen, deren Nerven sehr deutlich hervortreten. Blüten purpurrot, in kugeligen Köpfchen.

Mehrjährig. Blüht Juni bis Auguft.

Befucher: vorwiegend Falter.

Hülfe im zottig bewimperten Kelch: Windverbreitung.

Alpen, im öftlichen Frankreich bis in die Hügelregion, Jura, Auvergne, Cevennen, Pyrenäen.

Trifolium repens. — **Kriechender Klee.** — Rafenbildend, mit niederliegenden, wurzelnden Stengeln, aus denen die langen, aufrechten Blatt- und Blütenftandftiele entfpringen. Blüten weiß, in kugeligen Dolden.

Mehrjährig. Blüht Mai bis Okt.
Befucher: Bienen, Hummeln,
    daneben Falter.
Früchte ohne Verbr.-Mittel.
Ebene (Wiefen, Wegränder),
    Alpen bis 2500 m, Pyrenäen
    bis 2000 m.
Europa bis Sibirien.

Trifolium repens

Trifolium pallescens.   **Bleicher Klee.** — Vorigem ähnlich, aber die Stiele der Blütenköpfchen entfpringen am Ende des erft niederliegenden, dann auffteigenden, nie wurzelnden Stengels.

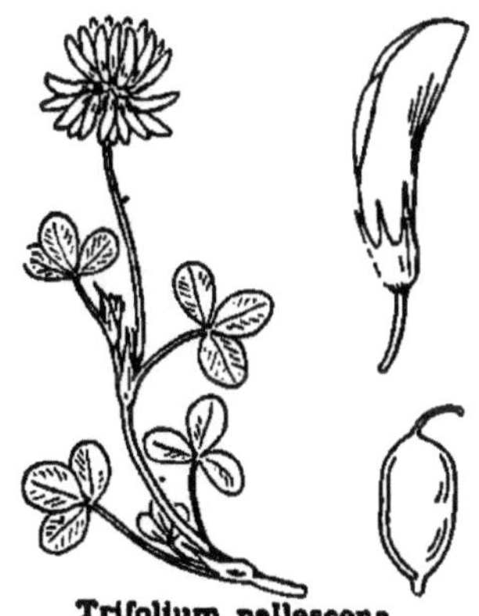

Mehrjährig. Blüht Juli bis Sept.
Befucher: Bienen, Hummeln,
    Schmetterlinge.
Früchte ohne Verbreitungs-
    mittel.
Trockene Matten, Moränen,
    Kies der Bergbäche; fteigt
    mit denfelben oft ins Tal.
Alpen.

Trifolium pallescens

6*

Trifolium alpinum. — *Tafel 29.* — Rafenbildend, mit ftarkem, füßfchmeckendem Wurzelftock *(Alpenfüßholz!)*. Zahlreiche, 5—25 cm hohe, aufrechte Stengel. Blattfcheiden ftark entwickelt. Die drei Blättchen lang, eiförmig, kahl.

Blüten leicht duftend, über 2 cm lang, zu 6—12 in lockeren Trauben. Krone purpurrot.

Mehrjährig. Vorzügliche, befonders bei den Schafen beliebte Futterpflanze.

Blüht Juni bis Auguft.

Befucher: Hummeln, Falter.

Früchte durch die bleibende Blumenkrone geflügelt: Windverbreitung.

Felfige, trockene Weiden, 1300—3000 m.

Alpen, Auvergne, Cevennen, Pyrenäen, Sierra Nevada; Karpathen.

Trifolium montanum. — **Bergklee.** — 20—40 cm hoch, weißlich behaart. Stengel meift aufrecht. Blättchen fchmal elliptifch, fpitz, unterfeits behaart, oberfeits kahl. Blüten weiß, in kugeliger Dolde, auf langem, geradem Schaft.

Mehrjährig.

Gefchätzte Futterpflanze.

Blüht Mai bis Juli.

Befucher: Bienen, Falter.

Früchte ohne Verbreitungsmittel.

Magere Wiefen, trockene Matten, Felfen.

Ebene bis 2600 m.

Alpen, Jura, Auvergne, Cevennen, Pyrenäen.

Trifolium alpinum.
Trèfle des Alpes, Réglisse des Alpes.

Alpen-Klee.
Alpine Clover.

Trockene Weiden, Gerölle 1300-2700 Meter.

Trifolium badium.
Trèfle brun.

Braunklee.
Brown Clover.

Trifolium badium. — *Tafel 30.* — Stengel 5—20 cm hoch, aufrecht, anliegend behaart. Blättchen elliptifch, faft kahl. Nebenblätter lang. Blüten in dichtem kugeligem, lang geftieltem Köpfchen; während des Blühens goldgelb, abftehend, nachher herabhängend, hellbraun. Später fällt der ganze Blütenftand wie ein Tannenzäpfchen ab.

Zweijährig. Gute Futterpflanze des mageren Bodens.
Blüht Juli Auguft. Befucher: Hummeln, Falter.
Früchte mit bleibender Krone: Windverbreitung.
Alpen, Jura, Auvergne, Pyrenäen, Karpathen, Kau-
kafus.

Trifolium spadiceum. — **Kolbiger Klee.** — Wie voriger, aber Fruchtftände länglich oval; Blüten kleiner, nach dem Blühen dunkelbraun, faft fchwarz.

Meift nur einjährig.
Blüht Juni bis September.
Befucher und Früchte wie
    bei vorigem.
Feuchte Wiefen mit Binfen-
    beftänden, Torfboden, be-
    fonders auf Urgeftein.
Alpen, Jura, Auvergne, Ce-
    vennen, Pyrenäen.

Trifolium spadiceum

Trifolium saxatile. — **Felfenklee.** — Grauhaarig, mit erft niederliegenden, dann auffteigen-
den Stengeln. Blätter kurz geftielt mit länglichen, vorn eingebuchteten Blättchen. Blüten weißlich, klein, in kugeligen Dolden, die von den Nebenblättern der oberften Blätter einge-
hüllt werden.

Einjährig. Blüht Juli bis Auguft.
Befucher? Hülfe im zottig be-
    haarten Kelch: Windverbr.
Gerölle, Granitfand.
Weftalpen bis Graubünden.

Trifolium saxatile

Lathyrus luteus. — *Tafel 31.* — Pflanze mit unterirdifchem, wagrechtem Wurzelftock, der 20—50 cm hohe, krautige, aufrechte und bis oben beblätterte Stengel trägt. Blätter gefiedert, mit 2—5 Paaren breit ovaler, oberſeits hellgrüner, unterſeits blaugrüner Blättchen. Statt des Endblättchens eine kurze Spitze. Nebenblätter ſchmal, ſpitz.

Blüten gelb, 16—25 mm lang, zu drei bis zehn in einer Traube, die nicht viel länger ift als das darunter ftehende Blatt. Fahne aufrecht, etwas ausgebuchtet.

Mehrjährig. Blüht Mai bis Auguft.

Befucher: Hummeln.

Die gerade, 6—7 cm lange, bei der Reife ſchwarze Hülfe ſchleudert die Samen beim Auffpringen weg.

Lichtungen des Bergwaldes.

Alpen (Schweiz, Frankreich), Jura, Karpathen; Pyrenäen.

Lathyrus heterophyllus. — **Verſchiedenblättrige Platterbfe.** — Bis 1 m langer Rankenkletterer. Stengel und Blattftiele grün geflügelt. Obere Blattpartie als äftige Ranke ausgebildet, untere mit 1—2 Paaren ſchmalelliptiſcher Blättchen.

Blüten rofa, groß, zu vier bis acht in lockeren Trauben, deren Stiel viel länger ift als das darunter ftehende Blatt.

Mehrjährig. Blüht Juni bis Auguft.

Befucher: Hummeln.

Die 7—8 cm langen, cylindriſchen Hülfen ſchleudern beim Auffpringen die Samen weg.

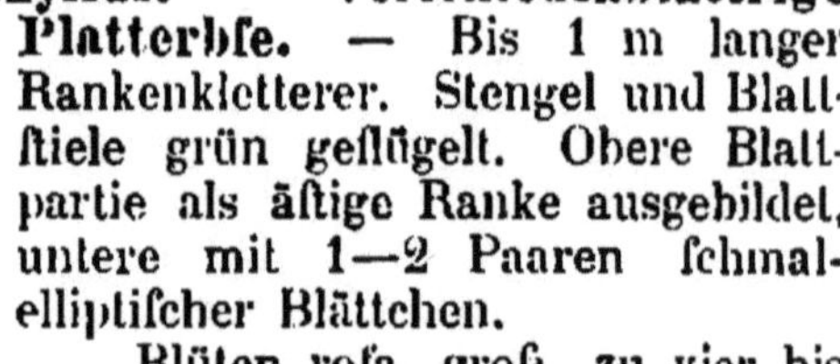
Lathyrus heterophyllus

Wälder und Gebüfche der Bergregion.

Alpen (Frankreich und Schweiz), Jura.

Lichtungen des Bergwaldes.

Lathyrus luteus.
Gesse jaune.

Gelbe Platterbse.
Yellow Pea.

Felsen, steile Weiden 1700–2800 Meter.

Hedysarum obscurum.
Sainfoin des Alpes.

Dunkler Süssklee.
Alpine Honeysuckle.

Hedysarum obscurum. — *Tafel 32.* — Wurzelſtock
lang, verzweigt. Oberirdiſche Stengel zahlreich, aufrecht,
20—50 cm hoch, kahl, unterwärts verzweigt, bis oben beblättert, ſterben nach der Fruchtreife ab. Blätter mit 5—9
eiförmigen, kahlen Blättchen. Nebenblätter zu einer zwei-
ſpitzigen Scheide verwachſen.

Blüten dunkelpurpurrot, etwas hängend, zu 10—50 in
großer, einſeitiger Traube.

Mehrjährige, vorzügliche Futterpflanze.
Blüht Juli bis Auguſt.
Beſucher: Hummeln, Falter.
Samen durch den Wind verbreitet.
Steile Weiden, Raſenbänder, Grünerlengebüſche.
1700 bis 2800 m.
Alpen, Pyrenäen, Karpathen, Kaukaſus, nordpolare
    Länder, Ural, Altai.

Onobrychis montana. — **Berg-Eſparſette.** — Stengel
lang, meiſt niederliegend, mit wenig Blättern, die 5—7 Paare
lang-ovaler Blättchen tragen.

Blüten hellroſa, rot geadert. In langen, langgeſtielten
Trauben.

Mehrjährig. Blüht Juni bis Auguſt.
Beſucher: mehrere Bienenarten.
Frucht mit kurzen Borſten häkelnd; durch Säuge-
    tiere verbreitet.
Steinige Hänge, magere Wieſen, auf Kalk.
1500 bis 2300 m.
Alpen, Jura, Pyrenäen.

Astragalus aristatus. — *Tafel 33.* — Wenig verzweigter, dorniger, 10—30 cm hoher, graubehaarter Strauch. Blätter lang, dicht ſtehend, mit ihrer verbreiterten Baſis den Stengel umfaſſend. Blattſtiele ſteif. An Stelle des Endblättchens bildet die Blattſpindel eine harte Spitze. 6—10 Paare lang ovaler, fein weißhaariger Blättchen. Nebenblätter lang, ſpitz, dem Blattſtiel angewachſen.

Blüten weiß oder lila, zu 3—8 in Trauben, die kürzer ſind als die Blätter.

Mehrjährig. Blüht Mai bis Juni.
Beſucher: Hummeln.
Samen ohne Verbreitungsmittel.
Matten und Felſen der Nadelholzregion.
Beſonders auf Kalk.
Weſtalpen (Weſtſchweiz, Frankreich, Italien).

Astragalus alopecuroides. — **Fuchsſchwanz-Tragant.**

Astragalus alopecuroides

Kräftige, ¹/₂ bis 1 m hohe Krautpflanze mit langen Wollhaaren. Stengel zahlreich, aufrecht, unverzweigt, dick. Blätter lang, weißlich, mit 20—40 Paaren ſchmal eiförmiger Blättchen. Nebenblätter oval ſpitz, nicht verwachſen.

Blüten blaßgelb, ſehr zahlreich in dichten eiförmigen Trauben.

Mehrjährig.
Blüht Juli bis Auguſt.
Beſucher: Gartenhummel.
Früchte kurz (ſiehe Skizze rechts unten!) häkelnd?

Felſige Weiden der Nadelholzregion.
Weſtalpen (Frankreich und Italien).

Steinige Matten und Felsen der Nadelholzregion.

Astragalus aristatus.
Astragale épineux.

Stachel-Tragant.
Thorny Vetch.

Steinige, sonnige Weiden und Felsen bis 1400 Meter.

Astragalus Onobrychis.
Astragale-sainfoin.

Esparsetten-Tragant.
Sainfoin Vetch.

Astragalus Onobrychis. — *Tafel 34.* — Bildet lockere, 20 bis 50 cm hohe, dornlofe Büfche. Stengel feft, weichhaarig. Blätter mit 8 - 12 Paaren länglicher, ovaler Blättchen und einem Endblättchen.

Blüten bläulichpurpurn, zu 10—20 in aufrechten, eiförmigen Dolden, deren Stiele die Blätter überragen. Das obere Kronblatt (Fahne) lang, vorn abgeftutzt.

Mehrjährig. Blüht Mai bis Juli.
Befucher: Bienen, Hummeln.
Hülfe kurz, rauhaarig, häkelnd (?).
Sonnige Felfen, magere Weiden.
Alpen der Provence, Dauphiné, Savoyen, füdliche Schweiz, Tirol bis Böhmen, Südrußland.

Coronilla coronata (montana). — **Kronwicke.** — Unbehaart, mit holzigem Wurzelftock. Stengel krautig, aufrecht, 30—60 cm hoch. Blätter bläulichgrün, mit 3—6 Paaren eiförmiger Blättchen; die unterften dem Stengel anliegend. Nebenblätter miteinander verwachfen, zweifpitzig, fallen frühzeilig ab. Blüten gelb, übelriechend, zu 15 bis 20 in kugeliger Dolde auf langem Stiel. Hülfe 25—30 cm lang.

Mehrjährig. Blüht Juni.
Befucher: Hummeln.
Samen ohne Verbr.-Mittel.
Wälder, Waldlichtungen, fteinige Halden der Hügel- und Bergregion; auf Kalk.
Alpen, Jura, in Süd- und Mitteldeutfchland zerftreut, bis Steiermark, Krain und dem Littorale.

Ononis rotundifolia. — *Tafel 35.* — Pflanze mit holzigem Wurzelſtock, ſchwach behaart, etwas klebrig (Drüſenhaare!). Stengel krautig, 30—50 cm hoch. Blätter abſtehend mit je 3 rundlichen, ſchwach gezähnten Blättchen. Nebenblätter kurz, eiförmig, zugeſpitzt. Blüten groß, lebhaft roſenrot, zu 2—3 auf gemeinſamem Stiel. Oberes Kronblatt (Fahne) aufgerichtet.

Mehrjährig. Blüht Mai bis Auguſt.

Befucher: Bienen und Hummeln, Schmetterlinge.

Hülfe 3 cm lang, aufgeblaſen, aber ſich öffnend: Samen ohne Verbreitungsmittel.

Felſen, trockene Halden, auf Kalk.

Südliche Alpentäler (Frankreich, Schweiz, Tirol), Cevennen, Pyrenäen.

Ononis fruticosa. — **Strauch-Hauhechel.** — Stark verzweigter, dornloſer, 30 bis 100 cm hoher Strauch; kahl, mit Ausnahme der jungen Triebe, der Blattſtiele und Früchte, die drüſig behaart ſind. Blätter klein, kaum geſtielt, mit drei länglichen Blättchen mit geſägtem Rande. Nebenblätter gezähnt, den Stengel umfaſſend. Blüten groß, roſenrot, zu 2—3 auf langen Stielen, bilden zuſammen einen hohen traubenartigen Stand.

Mehrjährig. Blüht Auguſt.

Befucher: wahrſcheinlich Bienen und Hummeln.

Ononis fruticosa

Samen ohne Verbreitungsmittel.

Felſen, Gebüſche der Hügel- und Bergregion.

Nördliche Alpen von Frankreich und Italien, Pyrenäen.

Steinige Orte. Felsen. Hügel bis in die Nadelholzregion.

Ononis rotundifolia.
Bugrane à feuilles rondes.

Rundblättriger Hauhechel.
Alpine Rest-Harrow.

Steinige Orte und Weiden der Nadelholzregion.

Ononis cenisia.
Bugrane du Mont-Cenis.

Hauhechel des Mont-Cenis.
Rest-harrow of Mont-Cenis

Ononis cenisia. — *Tafel 36.* — Niedere Pflanze mit kriechendem Wurzelſtock und niederliegenden, an der Baſis ſchwach verholzten Stengeln, die 5—25 cm hohe Büſche bilden. Blätter klein, kurz geſtielt, mit drei eiförmigen, ſtark gezähnten, kahlen Blättchen. Nebenblätter ſo groß wie die Blättchen, den Stengel umfaſſend. Blüten roſa, einzeln auf langen, zarten Stielen.

Mehrjährig. Blüht Juli.

Beſucher: wahrſcheinlich Bienen und Hummeln.

Felſen, Weiden der Nadelholzregion.

Nördliche Alpen von Frankreich und Italien, Pyrenäen.

Cytisus alpinus. — **Alpen-Goldregen.** — Dem Goldregen unſerer Gärten ſehr ähnlicher, 7—8 m hoher Baum. Blätter lang geſtielt, mit drei lang elliptiſchen, ſpitzen, ſchwach behaarten Blättchen. Blüten ſattgelb, in langen hängenden Trauben.

Mehrjährig. Blüht Mai bis Juli.

Beſucher: vermutlich Bienen, Hummeln und Falter.

Samen ohne Verbreitungsmittel.

Buchen- und Tannenwälder.

Alpen von Frankreich, Italien,

Cytisus alpinus

der ſüdlichen Schweiz, Jura, Tirol, Krain.

Vicia silvatica. — *Tafel 37.* — Bis 1 m langer Rankenkletterer mit kahlen Stengeln. Blätter mit 5—10 Paaren länglich ovaler Blättchen. Nebenblätter halbmondförmig, grob gezähnt. Blüten weiß, blau oder violett geadert, zu 10—15 in lockerer Traube.

Mehrjährig. Blüht Juni bis Juli. Schleuderfrucht.
Befucher: Vermutlich Bienen, Hummeln.
Alpen der Schweiz, Frankreich; Jura; in Deutschland zerftreut.

Lotus corniculatus. — **Hornklee.** — Kahl, Stengel 10—40 cm lang, in dichtem Rafen aufrecht, fonft niederliegend. Blätter mit drei eiförmigen Blättchen. Blüten gelb, zu 3—6 in Dolden auf hohem Stiel. Kronblätter gelb, in den Bergen oft orange- oder purpurrot.

Lotus corniculatus

Mehrjährige, gute Futterpflanze.
Blüht Mai bis Herbft.
Befucher: Bienen, Hummeln.
Schleuderfrucht.
In ganz Mitteleuropa; in den Alpen bis 2900 m.

Oxytropis lapponica. — **Lappländifcher Spitzkiel.** — Dünnftengelige, 10—25 cm hohe, drei bis fünfblättrige Pflanze. Blätter mit 8—12 Paaren fchmal-eiförmiger, fpitzer Blättchen und einem Endblättchen. Blüten hellrötlich, in kurzer, faft kugeliger Traube.

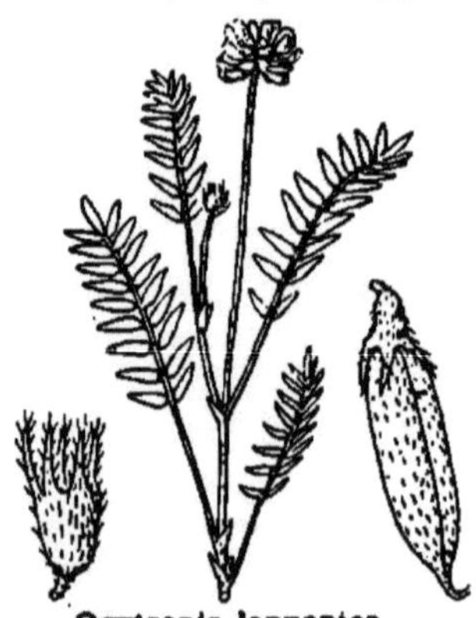
Oxytropis lapponica

Mehrjährig. Blüht Juli.
Befucher: Falter, auch Hummeln.
Samen ohne Verbr.-Mittel.
Felfen und Rafenbänder; auf Urgeftein.
Weftalpen, europäifche Polarländer, Himalaya.

Bergwälder.

Vicia silvatica.
Vesce des bois.

Waldwicke.
Wood-Vetch.

Steinige Weiden 1700-3000 Meter.

A. — **Oxytropis campestris.**
Feldspitzkiel.
Oxytropide des champs.
Field Oxytropis.

B. — **Oxytropis fœtida.**
Stinkender Spitzkiel.
Oxytropide puante.
Stinking Oxytropis.

Oxytropis campestris. — *Tafel 38 A.* — Kräftiger Wurzelſtock mit zahlreichen, graugrünen Blättern; jedes mit 7—14 Paaren ſchmal eiförmiger, zugeſpilzter Blättchen und einem Endblättchen. Blüten zu 5—10 in eiförmiger Traube auf 5—10 cm hohem Stiel. Kronblätter hellgelb, die beiden unterſten (Schiffchen) mit violettem Fleck.

Mehrjährige, vorzügliche Futterpflanze.
Blüht Juli Auguſt. Beſucher: Hummeln, Falter.
Hülfe behaart, aufgeblaſen: Windverbreitung.
Steigt zuweilen mit den Bächen bis 450 m hinab.
Alpen, Pyrenäen, Karpathen, nordpolare Länder,
   Ural, Altai.

Oxytropis foetida. — *Tafel 38 B.* — Wie vorige, aber mit unangenehm riechenden Drüſenhaaren. Blätter mit 15—25 Paaren ſehr ſchmaler Blättchen. Blüten gelblich, in Trauben.

Mehrjährig. Blüht Juli bis Auguſt.
Beſucher: vermutlich Hummeln, Falter.
Hülfen etwas gebogen, aufgeblaſen: Windverbreitung.
Felfen und magere Weiden.
Weſtalpen (Schweiz, Frankreich, Italien).

Oxytropis montana. — Berg-Spitzkiel. — Stengel 5 bis 10 cm hoch, mit 3—4 Blättern; dieſe weißlich behaart, mit 10—15 Paaren ſchmal eiförmiger, ſpitzer Blättchen und einem Endblättchen. Blüten rot-violett, zu 5—15 in eiförmigen, lang-geſtielten Trauben.

Mehrjährig. Blüht Juli Aug.
Beſucher: Hummeln, Falter.
Samen ohne Verbr.-Mittel.
Magere Matten, ſteinige Wei-
   den, Felfen, 1800—3000m.
Alpen, Jura, Pyrenäen, Kar-
   pathen.

Die **Pirolaceen** verdanken ihren Namen der Ähnlichkeit ihrer Blätter und Blüten mit denjenigen des Birnbaums (Pirus), welche aber nur oberflächlich ift. Tatfächlich find fie mit den Heidekräutern (Ericaceen) und Primelgewächfen verwandt.

Pirola minor. — *Tafel 39.* — Stengel 10—25 cm hoch, aufrecht. Blätter eiförmig oder elliptifch, etwas länger als ihr Stiel. Blüten klein, weiß bis rofa, fich nur halb öffnend; in dichten endftändigen Trauben.

Mehrjährig. Blüht Juni bis Auguft.
Befucher: Käfer, Fliegen.
Samen fehr klein: Windverbreitung.
Moosboden fchattiger Wälder, Ebene bis 2400 m.
Pyrenäen, Alpen, Mitteleuropa, Sibirien, Kanada,
    Rocky Mountains, Neumexiko.

Pirola uniflora. — **Einblütiges Wintergrün.** — Kleine Pflanze mit unterirdifchem, zartem Stengel. Oberirdifche Triebe aufrecht, 5—10 cm hoch, am Grunde mit kleinen, rundlichen, fchwach gezähnten Blättern, die blaßgrün gefärbt find. Unterhalb der Blüte 2—3 grüne Schuppenblätter. Blüten einzeln, bis 2½ cm groß, wohlriechend, mit fünf weißen, weitgeöffneten Blumenkronzipfeln, auf welchen die Staubblätter ausgebreitet find. Stempel aufrecht, mit fünf Narben (fiehe Skizze links oben).

Pirola uniflora

Mehrjährig. Blüht Juni bis Juli.
Blüten honiglos, Befucher?
Samen fehr klein: Windverbreitung.
Moosboden fehr fchattiger Wälder. 800—1800 m.
Alpen, Vogefen, Cevennen, Pyrenäen; Sibirien, Nordamerika bis Colorado.

Moosboden schattiger Bergwälder bis 2400 Meter.

Pirola minor.
Petite Pirole.

Kleines Wintergrün.
Lesser Wintergreen.

Moosboden schattiger Wälder 10..-2... Meter.

Pirola secunda.
Pirole unilatérale.

Einseitswendiges Wintergrün.
Yevering Bells.

Pirola secunda. — *Tafel 40.* — Pflanze mit zarten, unterirdifchen, im Moofe kriechenden Stengeln. Oberirdifche Triebe 8—25 cm hoch, unterwärts mit einigen eiförmigen, fchwach gezähnten Blättern, deren Stiele kürzer find als die Spreite. Unterhalb der Blüten einige Schuppenblätter. Blüten grünlich-weiß, fich nur halb öffnend, in endftändiger, einfeitiger Traube.

Mehrjährig. Blüht Juni bis Auguft. Befucher?
Samen fehr klein: Windverbreitung.
Moosboden fchattiger Wälder. 1000—2000 m.
Alpen, Jura, Vogefen, Auvergne, Cevennen, Pyrenäen, nördliches Afien, Nordamerika bis Mexiko.

Die Familie der **Rofengewächfe oder Rosifloren** umfaßt eine große Zahl fehr verfchieden ausfehender Pflanzen. Sie find bald als Bäume (Apfel-, Birn-, Kirfchbaum etc.), bald als Sträucher (Rofen, Brombeeren), bald als niedere Krautpflanzen (Erdbeeren, Fingerkraut) entwickelt. Ihr gemeinfames Merkmal befteht befonders im Bau der Blüten, die meift durch eine große Zahl von Staub- und Fruchtblättern ausgezeichnet find, wie diejenigen der *Ranunculaceen*, jedoch ftets eine doppelte Blütenhülle befitzen.

In die Alpenregion fteigen nur die niedrigen, krautigen Arten hinauf, während die Obftbäume von einer beftimmten Höhe ab ihre Früchte nicht mehr reifen. Nicht einmal als Futterpflanzen fpielen die Rosifloren in den Alpen eine Rolle, dagegen erfreuen fie das Auge durch ihre meift farbenprächtigen Blüten.

Alchemilla alpina. — *Tafel 41.* — 10—30 cm hoch.
Untere Blätter handförmig geteilt, mit 5—7 länglich-ovalen
gezähnten Blättern, die oberseits kahl, unterseits weiß feidenhaarig find. Blütentragende Sproffe aufrecht, fchwach beblättert. Zahlreiche, unfcheinbare, grünliche Blüten in aufrechten, lockeren Trauben.

Mehrjährig. Blüht Juni bis Auguft.
Befucher: Käfer, Fliegen, Ameifen, Schlupfwefpen.
Früchte mit Fallfchirm: Windverbreitung.
Alpen, Vogefen, Auvergne, Cevennen, Pyrenäen,
    Karpathen, Kaukafus, Gebirge v. Nordeuropa u.
    Nordamerika.

Alchemilla vulgaris. — Gewöhnlicher Frauenmantel.

Wie voriger, jedoch die blühenden
Sproffe anfangs niederliegend, dann
aufgerichtet. Blätter beiderfeits grün,
mit 7—11 feichten, gezähnten Lappen.
Blühende Triebe 10—40 cm hoch.
Blüten in dichten, endftändigen
Sträußchen.

Mehrjährig. Blüht Mai bis Juli.
Befucher: Vorwiegend Fliegen.
Früchte wie beim vorigen.
Mähwiefen, Bachufer, Läger.
Ebene bis 2700 m.
Mitteleuropa, Nordafien.

Alchemilla vulgaris

Alchemilla pentaphyllea. — Fünfblättriger Sinau. —

Faft kahl, mit auffteigenden 5—15 cm
hohen Stengeln. Wenige, beiderfeits
kahle, handförmig 5-teilige Blätter.
Mehrjährig. Blüht Juli Aug.
Befucher: Käfer, Fliegen, Ameifen.
Früchte mit Fallfchirm: Wind-
    verbreitung.
Im kurzen Rafen feuchter Hänge;
    Beftandteil der Schneetälchen-
    Flora. 1900—3000 m.
Alpen, Pyrenäen.

Alchemilla pentaphyllea

Magere Weiden, Felsen, Geröll 700-2700 Meter.

Alchemilla alpina.
Alchémille des Alpes.

Alpen-Frauenmantel.
Alpine Lady's mantle.

Magere Weiden, Felsen 1500-2900 Meter.

Dryas octopetala.
Dryade à huit pétales.

Silberwurz.
Mountain Avens.

Dryas octopetala. — *Tafel 42.* — Niederliegende, fpalierbildende Pflanze mit kriechenden, ftark verzweigten und verholzten Stengeln. Blätter oval, oberfeits glänzend, dunkelgrün, unterfeits weiß behaart. Rand gekerbt, etwas nach unten umgerollt.

Blüten weiß, groß, einzeln auf dem 5—10 cm hohen Stiel. Je 7—9 Kelch- und Kronblätter. Die Griffel der zahlreichen Fruchtknoten ftrecken fich nach dem Verblühen zu federigen Grannen, fodaß das Fruchtköpfchen demjenigen mancher *Anemonen* fehr ähnlich ift.

Mehrjährig. Blüht Juli bis Auguft.
Befucher: Vorwiegend Fliegen und Bienen.
Früchte mit Haarfchweif: Windverbreitung.
Magere Weiden, Felsblöcke, in kurzem Rafen.
1500 bis 2800 m, befonders auf Kalk.
Alpen, Jura, Auvergne, Pyrenäen, Karpathen, Kaukafus, nordpolare Länder, Ural, Altai.

Cotoneaster tomentosa. — **Wollige Steinmifpel.** —
Höchftens 1 m hoch. Äfte behaart, an fonnigem Standort knorrig, im Schatten lang, gerade, ohne Dornen. Blätter oval, oberfeits fchwach behaart, unterfeits weißfilzig.

Blüten weiß oder rötlich, zu 3–5 in aufrechten Trauben, mit filzigem Stiel und Kelch.

Mehrjährig.
Blüht April bis Mai.
Befucher: Wefpen.
Fleifchige, bei der Reife rote Apfelfrucht: durch Vögel verbreitet.

Cotoneaster tomentosa

Felfen, feltener bei Baumgruppen, 800–2000 m.
Alpen, Jura, Cevennen, Pyrenäen.

Rosa alpina. — *Tafel 43.* — Strauch selten höher als ½ m, ohne Stacheln, außer einigen fehr fchwachen am Blütenftiel. Blätter mit 7—11 länglich-ovalen Blättchen. Blüten einzeln an den Zweigenden, felten zu zwei oder drei vereinigt. Kronblätter rot.

Mehrjährig. Blüht Juni bis Juli. Pollenblume.
Befucher: vermutlich Käfer und Bienen.
Hagebutte länglich, orangerot: durch Vögel verbreitet.
Alpen, Jura, Vogefen, Auvergne, Cevennen, Pyrenäen.

Rosa glauca. — **Rofe mit blaugrünen Blättern.** — Kräftiger, 1—2 Meter hoher Strauch mit wenigen, aber ftarken, gekrümmten Stacheln. Blätter bläulichgrün, kahl, mit 5—7 ovalen gezähnten Blättchen. Blüten rot, meift einzeln.

Mehrjährig. Blüht Juni bis Auguft.
Befucher: vermutlich Käfer und Bienen.
Hagebutte kugelig, meift kahl, durch Vögel verbreitet.
Waldlichtungen der Berge, feltener der Hügelregion.
Alpen, Jura, Vogefen, Auvergne, Cevennen, Pyrenäen.

Rubus saxatilis. — **Felfen-Himbeere.** — Stengel krautig, 20 cm hoch, nicht verholzt (im Gegensatz zu den Rubus der Ebene), fchwach behaart, mit fehr fchwachen Stacheln befetzt. Blätter dünn, hellgrün, mit drei gezähnten Blättchen. Blüten zu 5—8 in endftändiger Traube. Kronblätter weiß, fchmal-eiförmig.

Oberirdifcher Stengel einjährig.
Blüht Mai bis Juni.
Befucher: Fliegen, Bienen.
Früchte fleifchig, rot, fauer, durch Vögel verbreitet.

Rubus saxatilis

Waldlichtungen, Felfen.

1000—2000 m.
Alpen, Jura, Vogefen, Auvergne, Cevennen, Pyrenäen; Nordeuropa, Nordafien.

Waldränder, Gebüsche 1000-2600 Meter.

Rosa alpina.
Églantier des Alpes.

Alpen Hag-Rose.
Alpine Rose.

Weiden, Rasenbänder 1000-2700 Meter.

Potentilla aurea.
Potentille dorée.

Goldgelbes Fingerkraut.
Golden Cinquefoil.

Potentilla aurea. — *Tafel 44.* — Kriechender Wurzelſtock mit zuerſt niederliegenden, dann auffleigenden, 5--25 cm
hohen, wenigblütigen Sproßen. Blätter handförmig zuſammengeſetzt, mit fünf länglich ovalen, gezähnten Blättchen, die
oberſeits kahl, unterſeits auf Nerven und Rand ſeidig behaart
ſind. Kronblätter goldgelb, am Grunde mit orangerotem Fleck.
Mehrjährig. Blüht Juni bis Auguſt. Beſucher: Fliegen,
     Bienen, Falter. Früchte ohne Verbreitungsmittel.
Alpen, Jura, Auvergne, Cevennen, Pyrenäen; Kar-
    pathen, Nordeuropa.

Potentilla multifida. — **Schlitzblättriges Finger-**
kraut. — 5—25 cm hohe, weißbe-
haarte Pflanze, mit fiederförmig in
schmale Abſchnitte geteilten Blättern.
Kronblätter gelb, ſchwach ausgerandet.

    Mehrjährig. Blüht Juli.
    Beſucher: vermutlich Fliegen,
      Bienen.
    Früchte ohne Verbr.-Mittel.
    Weiden, auf Urgeſtein.
    Weſtalpen, Kaukaſus, Nord-
      polarländer, Ural, Altai,
      Himalaya.

Potentilla multifida

Potentilla frigida. — **Kälteliebendes Fingerkraut.** —
Würzige, 2—10 cm hohe, drüſig be-
haarte Pflanze. Die Stengel überragen die Blätter kaum. Dieſe mit
je drei ovalen, beiderſeits ſtark behaarten, grobgezähnten Blättchen.
Blüten gelb, meiſt einzeln, ſeltener
zu 2—5 am Ende des Stengels.

    Mehrjährig. Blüht Juli Aug.
    Beſucher: vermutlich Fliegen
      und Bienen.
Früchte ohne Verbr.-Mittel.

Potentilla frigida

Steinige Weiden, Felſen bis 3000 m.
Alpen, Nordpolarländer, Altai.

Potentilla grandiflora. — *Tafel 45.* — Ganze Pflanze
behaart. Stengel aufrecht, 10—20 cm hoch, nicht alle blühend.
Blätter dreiteilig, beiderfeits grün. Blättchen eiförmig, mit
wenigen großen Zähnen. Blüten gelb, etwa 2½ cm groß.

Mehrjährig. Blüht Juli bis Auguft.
Befucher: Fliegen, Bienen, Falter.
Früchtchen ohne Verbreitungsmittel.
Alpen, Pyrenäen, polares Afien und Nordamerika.

Potentilla Tormentilla (silvestris). — Tormentill. —

Potentilla Tormentilla

Einzige alpine *Potentilla* mit vier-
zähligen Blüten. 15—40 cm hoch.
Blätter tief dreifpaltig, wie die beiden
großen Nebenblätter ftark gezähnt.
Blüten klein, gelb.

Mehrjährig. Blüht Mai bis Aug.
Befucher: Fliegen, Bienen, Falter.
Früchtchen ohne Verbr.-Mittel.
Heiden, feuchte torfige Wiefen,
    Weiden, Waldlichtungen.
Ebene bis 2200 m.
Mittel- und Nordeuropa bis Si-
    birien.

Potentilla nitida. -- **Seidenglänzendes Fingerkraut.**

Potentilla nitida

5—15 cm hohe, weiß feiden-
haarige Pflanze. Die Stengel überragen kaum die Blätter. Diefe mit
3—5 länglich eiförmigen, am Grunde
verfchmälerten Blättchen, die vorn
gezähnt find. Blüten rofenrot, groß,
meift einzeln.

Mehrjährig. Blüht Juli bis Auguft.
Befucher?
Kalkfelfen, felten.
Hochalpen von Frankreich, Italien,
    Tirol, Kärnten, Krain, Steier-
    mark.

Felsen, steinige Weiden 1500-3000 Meter.

Potentilla grandiflora.
Potentille à grandes fleurs.

Grossblumiges Fingerkraut.
Large flowered Cinquefoil.

Feuchte, torfige Wiesen bis 2600 Meter.

Sanguisorba officinalis.
Sanguisorbe officinale.

Offizineller Wiesenkopf.
Great Burnet.

Sanguisorba officinalis. — *Tafel 46.* — 80 cm bis
1 m hoch, mit ftarkem, kriechendem Wurzelftock. Stengel verzweigt, aufrecht, fchwach beblättert. Blätter fiederteilig, mit
7—15 Paaren ovaler, gezähnter, unterfeits bläulicher Blättchen.
Blüten dunkel purpurn, zu 50—100 in eiförmigem Köpfchen.

Mehrjährig. Blüht Juni bis Auguft.
Befucher: Fliegen, Falter. Früchte ohne Verbr.-Mittel.
Mitteleuropa bis Sibirien.

Potentilla nivalis. — **Schnee-Fingerkraut** (Varietät
von *P. caulescens*). — Lang feiden-
haarige, 10—30 cm hohe Pflanze.
Grundftändige Blätter handförmig
geteilt, mit 5—7 eiförmigen, am
Grunde verfchmälerten, vorn gezähnten Blättchen. Blüten in lockerer
Traube. Kronblätter weiß, kürzer
als die Kelchblätter.

Mehrjährig. Blüht Juni Juli.
Befucher: Bienen, Hummeln.
Früchtchen zottig behaart:
    Windverbreitung.
Felfen, Rafenbänder, Gerölle.
Südweft-Alpen, Pyrenäen.

Potentilla nivalis

Sorbus Chamaemespilus. — **Zwerg-Eberefche.** — Bis
1 m hoher Strauch mit beiderfeits
grünen, kahlen, elliptifchen, vorn gezähnten Blättern. Blüten rofa, in
kurzen Trauben. Kronblätter aufrecht, nicht ausgebreitet.

Mehrjährig. Blüht Juni Juli.
Befucher: Fliegen, Bienen,
    Wefpen.
Frucht apfelartig, orangerot,
    durch Vögel verbreitet.
Felfen, zwifchen Felsblöcken
    bis 2300 m.
Alpen, Jura, Vogefen; Au-
    vergne, Pyrenäen.

Sorbus Chamaemespilus

Geum (Sieversia) reptans. — *Tafel 47*. — Der Wurzelftock bildet oberirdifche 10—30 cm lange, zarte, beblätterte
Ausläufer. Stengel aufrecht 5—20 cm hoch. Grundftändige
Blätter tief fiederfchnittig, mit gezähnten Abfchnitten. Blüten
einzeln, mit meift fechs gelben Kronblättern. Die Früchtchen
bilden wie diejenigen der *Anemonen* ein federiges Köpfchen.

Mehrjährig.

Blüht Juni bis Auguft.

Befucher: vermutlich diefelben wie bei folgender Art.

Früchtchen mit verlängertem, federförmigem Griffel:
    Windverbreitung.

Spalten fchattiger Felfen, feuchter Gefteinsfchutt,
    Moränen 2100 - 3400 m.

Alpen, Karpathen.

Geum montanum. — **Berg-Nelkenwurz.** — Unterfcheidet fich von voriger durch das
Fehlen von Ausläufern und durch
das Endblättchen, das viel größer
als die paarigen Blättchen und kaum
gelappt ift.

Mehrjährig.

Blüht Juli bis Auguft.

Befucher: vorwiegend Fliegen,
    daneben auch Käfer, Bienen,
    Falter.

Früchtchen mit Haarfchweif (fiehe
    Skizze links oben): Windver-
    breitung.

Geum montanum

Matten, felfige Weiden, Rafen-
    bänder. 1600—2700 m.

Alpen, Auvergne, Pyrenäen, Karpathen.

Felsen, Gesteinsschutt, Gerölle 2100-3400 Meter.

Geum reptans.
Benoite rampante.

Kriechende Nelkenwurz.
Creeping Avens.

Flusskies, Gerölle 700-2200 Meter.

Epilobium Fleischeri.
Epilobe de Fleischer.

Fleischers Weidenröschen.
Fleischer's Willow-herb.

Epilobium Fleischeri. — *Tafel 48.* — Krautpflanze mit unterwärts etwas verholzten, 10—40 cm hohen, fchwach verzweigten Stengeln. Alle vierkantig, ftark beblättert. Blätter 3 cm lang, fchmal. Blüten vierzählig, lang geftielt, zu 5—10 in Trauben. Kelchblätter fchmal, dunkel purpurn, Kronblätter oval, violettrofa. Griffel an der Spitze vierteilig.

Mehrjährig.

Blüht Juli bis Auguft.

Befucher: Bienen, Falter.

Samen mit Haarfchopf: Windverbreitung.

Gerölle, Kies der Gebirgsbäche, fteigt mit diefen oft ins Tal. 700—2200 m.

Alpen, Jura.

Circaea alpina. — **Alpen-Hexenkraut.** — Zarte, 5 bis 15 cm hohe Pflanze, mit langen, unterirdifch kriechenden Stengeln. Oberirdifcher Stengel aufrecht, kahl, mit zwei bis drei Paaren dünner, durchfcheinender, hellgrüner Blätter, die herzförmig, zugefpitzt und grob gezähnt find. Blüten weiß, in aufrechter Traube. Kelchblätter fchmal zurückgefchlagen. Kronblätter zweilappig. Zwei lange Staubgefäße.

Circaea alpina

Mehrjährige Schattenpflanze.

Blüht Juni bis Juli.

Befucher: Schwebefliegen.

Früchte borftig, häkelnd, durch Säugetiere verbreitet.

Wälder bis 2000 m.

Mitteleuropa, Alpen, Jura, Vogefen etc., nördliches Afien und Amerika, aber nicht in der polaren Zone.

Die **Saxifragaceen** find durch ihre fünfzähligen Blüten mit zweigriffligem Fruchtknoten ausgezeichnet, der bei der Reife zwifchen den Griffeln mit einem Loch auffpringt. An den Blattzähnen finden fich häufig fogen. Wafferfpalten (vgl. I. Teil Seite 36), die zuweilen durch Kalkablagerungen verftopft find.

Saxifraga cuneifolia. — *Tafel 49 A.* — Locker rafig mit offenen Blattrofetten. Blätter lederartig, kahl, am Grunde keilförmig verfchmälert, vorn gezähnt. Blühende Stengel aufrecht, verzweigt, wenig beblättert, drüfenhaarig. Blüten in lockeren Trauben. Kronblätter weiß mit gelben Punkten.

Mehrjährig. Blüht Juni Juli. Befucher: Schwebefliegen. Samen mit Hervorragungen: Windverbreitung. Alpen, Cevennen, Pyrenäen; Karpathen.

Saxifraga bryoïdes. — *Tafel 49 B.* — Rafenbildende Pflanze mit vielen nicht blühenden, dicht kugeligen Blattrofetten. Blätter fchmal, nur 5—7 mm lang, lebhaft grün, nicht oder nur wenig behaart. Blühende Triebe 3—8 cm hoch, aufrecht, mit kleinen, anliegenden Blättern. Blüten einzeln, weißgelb.

Mehrjährig. Blüht Juli bis Auguft. Befucher: Fliegen. Samenoberfläche durch Hervorragungen vergrößert: Windverbreitung. Auf Urgeftein. Pyrenäen, Auvergne, Alpen, Riefengebirge, Karpathen.

Saxifraga aspera. — **Rauher Steinbrech.** — Mit voriger nächft verwandt. Stengel fteif, beblättert, 8—15 cm hoch, mit fchmalen, fpitzen, fteifhaarigen Blättern. Blüten zu 1—5, gelblich weiß. Kronblätter am Grunde mit gelben Punkten.

Mehrjährig. Blüht Juli bis Auguft. Befucher: Schwebefliegen. Samenoberfläche durch Hervorragungen vergrößert: Windverbr. Feuchte Felfen in der Nähe von Bächen, befonders auf Urgeftein. 1000—3000 m. Alpen, Pyrenäen, Banat.

Schattige, feuchte Felsen
des Bergwaldes.

Steinige Weiden, Felsblöcke
2000-4000 Meter.

A. **Saxifraga cuneifolia.**
Keilblättriger Steinbrech.
Saxifrage à feuilles en coin.
Wedge-leaved Stonebreak.

B. — **Saxifraga bryoides.**
Birnmoos-artiger Steinbrech.
Saxifrage mousse.
Mosslike Saxifrage.

Feuchte Bergwälder 800–2200 Meter.

Saxifraga rotundifolia.
Saxifrage à feuilles rondes.

Rundblättriger Steinbrech.
Round-leaved Stonebreak.

Saxifraga rotundifolia. — *Tafel 50.* — Stengel 10 bis
60 cm hoch, aufrecht, etwas behaart und oberwärts verzweigt;
trägt einige lang geftielte, runde oder nierenförmige, gezähnte
und lang behaarte Blätter. Blüten klein, in lockerer Traube.
Kronblätter weiß, rot oder gelb punktiert.

Mehrjährig. Blüht Juni bis Auguft.
Befucher: Schwebefliegen.
Samen mit Hervorragungen: Windverbreitung.
Alpen, Jura, Auvergne, Cevennen, Pyrenäen; Appennin,
    Gebirge von Sizilien, Balkanhalbinfel, bis Kaukafus.

Saxifraga stellaris. — **Stern-Steinbrech.** — 5—15 cm
hoch; Blätter in ausgebreiteter
Rofette, lang oval, glänzend, am
Grunde verfchmälert, grob gezähnt.
Blüten in lockerer Traube. Kronblätter fchmal, ausgebreitet, weiß
mit je zwei gelben Punkten.

Saxifraga stellaris

Mehrjährig. Blüht Juli Auguft.
Befucher und Samenverbrei-
    tung wie bei vorigem.
Bachufer, feuchte Felfen.
1200—3000 m.
Alpen, Auvergne, Cevennen,
    Pyrenäen; Karpathen, nord-
    polare Länder, Ural, Altai, Himalaya.

Saxifraga androsacea. — **Mannsfchild-Steinbrech.** —
Rofettenbildende, 2—10 cm hohe
Pflanze. Blätter lanzettlich, weich.
Blütenftiele drüfig behaart, mit ein
bis drei milchweißen Blüten.

Saxifraga androsacea

Mehrjährig. Blüht Juli Auguft.
Befucher: Fliegen.
Samen fehr klein: Windverbr.
Feuchte Felfen, Tonboden.
1600—3000 m.
Alpen, Auvergne, Pyrenäen;
    Karpathen, polares Europa,
    Ural, Altai.

Saxifraga aizoïdes. — *Tafel 51 A.* — Verzweigte, 15 cm hohe, lockere Rafen bildende Pflanze. Stengel unten ftark, oben fchwach beblättert. Blätter fchmal, dickfleifchig, faft walzenförmig, fpitz, ähnlich denen des *Mauerpfeffers, Sedum acre.* Blüten hellgelb, mit orangeroten Punkten oder dunkelgelb mit rotbraunen Punkten.

Mehrjährig. Blüht Juli Auguft.

Befucher: vorwiegend Fliegen, daneben auch Bienen
    und Falter.

Samenoberfläche durch Hervorragungen vergrößert:
    Windverbreitung.

Steigt oft mit den Bächen in die Ebene hinab.

Alpen, Jura, Pyrenäen; Karpathen, nordpolare Länder.

Saxifraga exarata. — *Tafel 51 B.* — Bufchige, rafen-bildende Pflanze mit unterwärts dicht ftehenden Blättern. Diefe am Grunde verfchmälert, ungeteilt, oder vorn mit drei ungleichen, fpitzen Zipfeln. Blütenftiele drüfig behaart. Blüten klein, in lockerer 3—10blütiger Traube. Kronblätter weißgelb.

Mehrjährig. Blüht Juni Juli.

Befucher: Fliegen.

Samen fehr klein: Windverbreitung.

Meift nur auf Urgeftein.

Alpen, Auvergne, Pyrenäen, Kaukafus, nordpolare
    Länder.

Saxifraga muscoides. — **Moosartiger Steinbrech.** —

Nur 2—12 cm hohe, der vorigen ähnliche Pflanze, mit zahlreichen Blattrofetten, die runde Polfter bilden. Sonft wie voriger, nur alles etwas kleiner. Blüten gelblich.

Mehrjährig.
Blüht Juni Juli
Befucher: Fliegen.
Samen fehr klein: Windverbreitung.
Felfen, Gerölle. 1600—3500 m.
Alpen, Jura, Pyrenäen, Hohe Sudeten.

A. — Saxifraga aizoides.
Mauerpfeffer-Steinbrech.
Saxifrage pain d'oiseau.
Stone-crop Saxifrage.

B.   Saxifraga exarata.
Gefurchter Steinbrech.
Saxifrage sillonnée.
Furrowed Stonebreak.

A. - Saxifraga oppositifolia.
Gegenblättriger Steinbrech.
Saxifrage à feuilles opposées.
Opposite-leaved Saxifrage.

B. — Saxifraga Aizoon.
Immergrüner Steinbrech.
Saxifrage toujours verte.
Evergreen Stonebreak.

Saxifraga oppositifolia. — *Tafel 52 A.* — Niederliegend, reich verzweigt, teppichbildend. Stengel dicht beblättert, mit dunkelgrünen, derben, ungeftielten, eiförmigen, gegenftändigen, am Rande behaarten Blättern, die an der Spitze ein Kalkfchüppchen tragen. Abgeftorbene Blätter bleiben am Stengel. Blüten einzeln, wein- oder violettrot.

Mehrjährig. Blüht Mai bis Auguft.

Befucher: Fliegen, Falter.

Samen mit Hervorragungen: Windverbreitung.

Steigt oft mit den Bächen ins Tal (z. B. am Bodenfee).

Alpen, Jura, Auvergne, Pyrenäen; Karpathen, nordpolare Länder, Ural, Altai, Himalaya.

Saxifraga biflora. — **Zweiblütiger Steinbrech.** —
Dem vorigen ähnlich, aber weniger gedrungen. Blüten zu zweien.

Mehrjährig.
Blüht Juli Auguft.
Befucher: Fliegen, Falter.
Samen ohne Verbr.-Mittel.
Felfen, Gefteinsfchutt.
2000—2900 m.
Pyrenäen, Alpen, Transfilvanifche Alpen (zwifchen Siebenbürgen und Rumänien).

Saxifraga biflora

Saxifraga Aizoon. — *Tafel 52 B.* — Grundftändige Blätter in regelmäßigen Rofetten, fpatelförmig, 1—5 cm lang, lederartig, gezähnt. Auf jedem Zahn ein Kalkfchüppchen. Stengel 10—30 cm hoch, aufrecht, nur oberwärts verzweigt, fchwach drüfig behaart. Blüten in kurzer zufammengefetzter Traube, mit 1—2-blütigen Zweigen. Kronblätter gelblichweiß, zuweilen mit roten Punkten.

Mehrjährig. Blüht Juni bis Auguft.
Befucher: Schwebefliegen, Bienen.
Samen mit Hervorragungen: Windverbreitung.
Alpen, Jura, Auvergne, Cevennen, Pyrenäen; Vogefen, Schwarzwald, fchwäbifche Alp etc., Karpathen, Kaukafus, polares Europa.

8*

Die **Crassulaceen** oder **Fettpflanzen** tragen ihren Namen wegen der fleifchigen Konfiftenz ihrer Stengel und Blätter. Ihre Blüten find durch den Befitz mehrerer im Kreife angeordneter Fruchtknoten mit einem kurzen Griffel ausgezeichnet.

Sempervivum arachnoideum. — *Tafel 53.* — Rofettenbildend. Blätter lanzettlich, dick, fleifchig, fpitz, gegenfeitig durch fpinnwebeartig ausgefpannte, weiße Haare miteinander verbunden. Blütentragende Stengel 5—10 cm hoch, rot, fleifchig, mit kleinen Blättern. Blüten lebhaft rot, in wenigblütigen Trauben. Mindeftens 10 Kelch- und Kronblätter; doppelt fo viele Staubgefäße.

Mehrjährig. Blüht Juli Auguft.
Befucher: Fliegen, Bienen, Falter.
Samen fehr klein: Windverbreitung.
Sonnige Urgefteinsfelfen. 1300 – 3000 m.
Alpen, Auvergne, Cevennen, Pyrenäen.

Sempervivum tectorum. — **Dach-Hauswurz.** — Blatt-

rofetten 5—8 cm groß, oft in großer Zahl zu Kiffen vereinigt. Blätter länglich oval, dick, aber flach; beiderfeits kahl, am Rande bewimpert, fpitz, graugrün und am Vorderende oft braunrot. Blühende Stengel kräftig, 20 bis 45 cm hoch, beblättert und drüfig behaart. Blütenftand ftark verzweigt, reichblütig. Blüten hellrofa, weit geöffnet.

Mehrjährig. Blüht Juli Auguft.
Befucher: Bienen, Hummeln, Falter.
Samen fehr klein: Windverbreitung.
Trockene, fonnige Felfen, bis 2400 m.

Sempervivum tectorum

Oft auf Dächern kultiviert.
Alpen, Jura, Vogefen, Auvergne, Cevennen, Pyrenäen.

Sonnige Felsen 1300-3000 Meter.

Sempervivum arachnoideum.
Joubarbe toile d'araignée.

Spinnwebe-Hauswurz.
Cobweb Houseleek.

Sonnige Felsen 1200–2800 Meter.

Sempervivum montanum.   Berg-Hauswurz.
Joubarbe des montagnes.   *Mountain Houseleek.*

Sempervivum montanum. — *Tafel 54.* — Blattroſetten bis 4 cm groß. Blätter faſt walzenförmig, ſtumpf.
Haare kurz, drüſentragend, nie miteinander verflochten.
Blüten leuchtend rot, mit mehr als zehn Kelch- und Kronblättern und doppelt ſo vielen Staubgefäßen.

Mehrjährig.
Blüht Juli bis Auguſt.
Beſucher: Bienen, Falter.
Samen klein: Windverbreitung.
Sonnige Felfen.
1200—2800 m, ſteigt zuweilen bis 600 m hinab.
Pyrenäen, Alpen, Karpathen, Kaukaſus.

Sedum Rhodiola (roseum). — **Roſenwurz.** — Pflanze
10—20 cm hoch, mit mehreren auf-
rechten, kräftigen, dicht beblätterten
Stengeln. Blätter flach, lanzettlich,
mit ſpitzen Zähnen. Blüten röttlich,
am Ende der Triebe in kurzer,
dichter Traube, vierzählig: mit je
vier Kelch- und Kronblättern, acht
Staubgefäßen und vier Stempeln.
Oft nur Staubgefäße oder nur
Stempel in einer Blüte.

Sedum Rhodiola

Mehrjährig.
Blüht Juli bis Auguſt.
Beſucher: Fliegen, Ameiſen.
Samen klein, flach: Wind-
    verbreitung.
Trockener, ſteiniger Boden, Felfen, bis über 2000 m.
Pyrenäen, Alpen, Vogeſen, Karpathen, nordpolare
    Länder, Ural, Altai, Himalaya.

Die **Umbelliferen oder Doldengewächfe** verdanken ihren Namen der Anordnung ihrer Blüten, deren Stiele alle aus einem Punkte des Stengels entfpringen: **Dolde, Umbella.** Meiftens trägt jeder Doldenzweig wieder eine Dolde; alle zufammen bilden einen breiten Schirm dichtgedrängter Blüten. Diefelben befitzen eigentlich nur die gefärbten Kronblätter, während der Kelch faft ganz verfchwunden ift; außerdem fünf Staubgefäße und einen zweiteiligen Fruchtknoten.

Eryngium alpinum. — *Tafel 55.* — Diftelartige, 30 bis 70 cm hohe Pflanze mit fchwach verzweigtem Stengel. Grundftändige Blätter eiförmig, relativ weich, jedoch fcharf gezähnt. Stengelftändige Blätter lederartig, bläulichgrün, handförmig drei- bis fünffpaltig, mit ftachelfpitzigen Zähnen. Blüten weiß, in 1—3 einfachen, kopfförmigen, langgeftielten Dolden, die von einem abftehenden Kragen von 10—20 ftahlblauen, feinborftigen Hüllblättern umgeben find.

Mehrjährig. Blüht Juli bis Auguft. Befucher?
Früchte flach: Windverbreitung.
Tiefgründige Mähwiefen, Alpenrofen- und Erlengebüfche, Rafenbänder, zerftreut.
Alpen, Bosnien, Montenegro.

Athamanta cretensis. — **Kretifche Augenwurz.** —

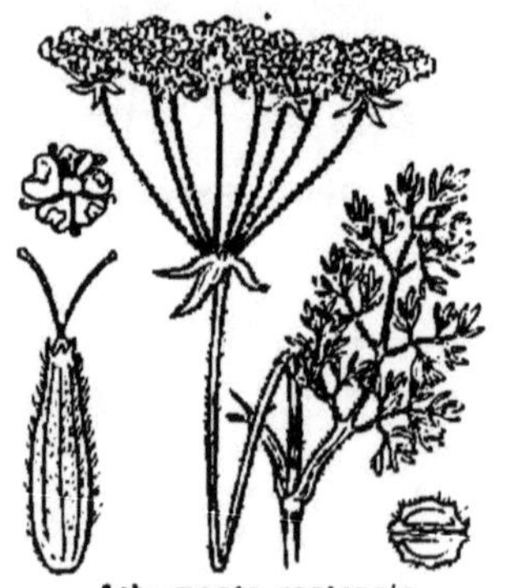

Graubehaarte, 10—40 cm hohe Pflanze mit feingerilltem Stengel, der meift nur eine einzige, zufammengefetzte Dolde trägt. Blätter dreifach fiederteilig, mit fchmalen Abfchnitten. Am Grunde der großen Dolde eine Hülle von zwei bis drei hinfälligen Blättchen; an den kleinen Dolden vier bis acht Hüllblättchen. Blüten weiß.

Mehrjährig.
Blüht Mai bis Juli. Befucher?
Samen ohne Verbreitungsmittel.
Felfen, Felsfchutt, meift auf Kalk.

Athamanta cretensis

1500—2600 m.
Pyrenäen, Cevennen, Alpen, Jura, Dalmatien, aber nicht auf Kreta!!

Mähwiesen, Gebüsche, Grasbänder der alpinen Region.

Eryngium alpinum.
Panicaut des Alpes, Chardon bleu.

Alpen-Mannstreu.
Alpine Eryngo.

Mähwiesen 1500-2600 Meter.

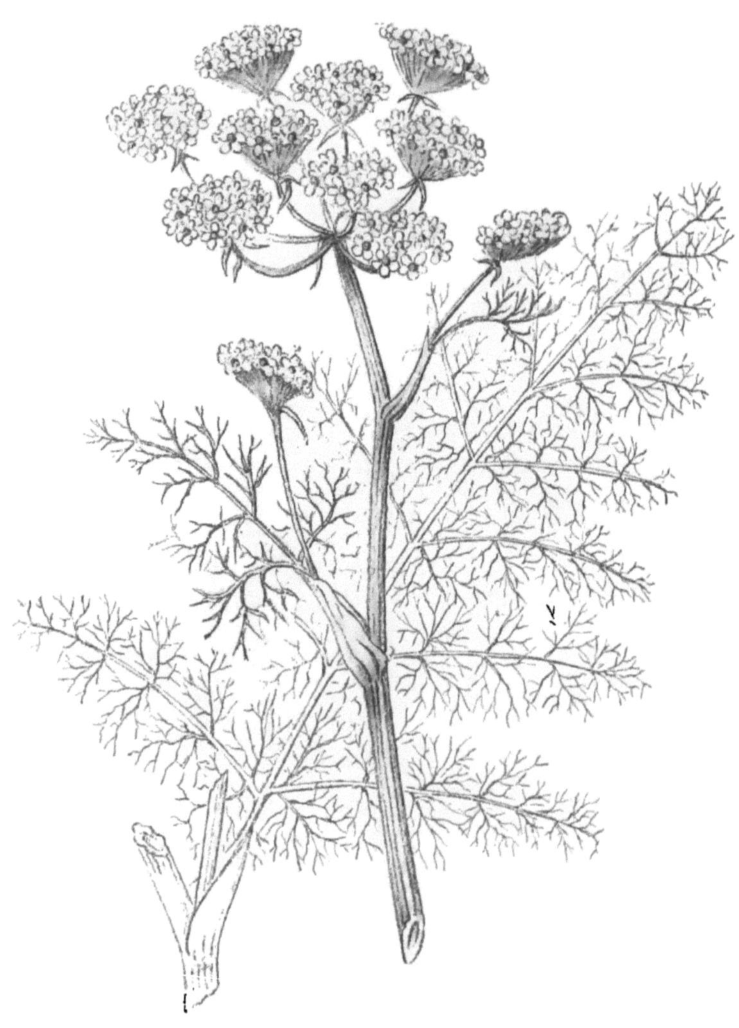

Meum athamanticum.
Fenouil des Alpes.

Bärenwurz.
Baldmoney.

Meum athamanticum. — *Tafel 56.* — Unbehaart, 20 bis 50 cm hoch. Stengel gerillt, fchwach verzweigt. Blätter dreifach fiederteilig mit fchmalen, dunkelgrünen Abfchnitten. Am Grunde der großen Dolde nur ein, an den kleinen drei bis acht fchmale Hüllblättchen. Blüten weiß.

> Mehrjährige, ftark aromatifche Pflanze.
> Blüht Juli bis Auguft.
> Befucher?
> Früchtchen ftark gerippt: Windverbreitung.
> Mähwiefen, Weiden, 1000—2600 m.
> Alpen, Jura, Vogefen, Auvergne, Cevennen, Pyrenäen;
>   in Deutfchland zerftreut.

Meum (Ligusticum) Mutellina. — **Muttern.** — Stengel gerillt, einfach oder fchwach verzweigt. Wenige grundftändige, mit der Bafis den Stengel umfaffende, dreifach fiederteilige Blätter mit unregelmäßigen, fpitzen Abfchnitten. Blüten weiß oder rofa, in zufammengefetzter Dolde. Nur am Grunde der kleinen Dolden drei bis acht Hüllblätter.

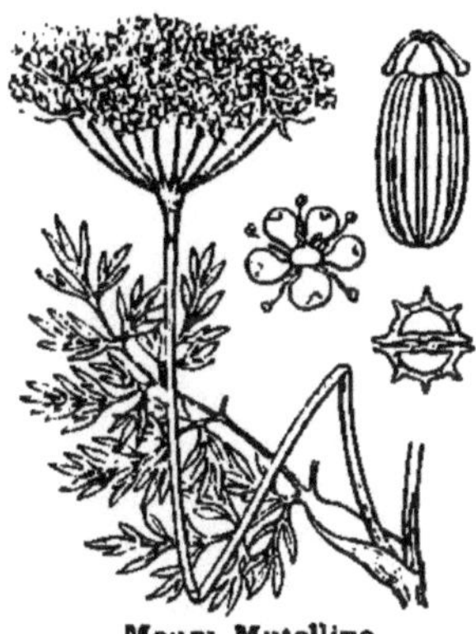

> Mehrjährige, vorzügliche Alpen-Futterpflanze.
> Blüht Juni bis Auguft.
> Befucher: Fliegen, Bienen,
>   Schmetterlinge.
> Früchtchen gerippt: Windverbreitung.
> Mähwiefen, magere Weiden, Rafenbänder.
> 1300—2700 m.
> Alpen, Karpathen.

Bupleurum longifolium. — *Tafel 57.* — Stengel 30 bis 60 cm hoch, aufrecht, oberwärts fchwach verzweigt, gleichmäßig aber locker beblättert. Blätter lang eiförmig, ungeteilt. Am Grunde der großen und der kleinen Dolden fünf bis acht kleine, eiförmige Hüllblätter von wechfelnder Geftalt und Farbe. Blüten gelb.

Mehrjährig.
Blüht Juli bis Auguft.
Befucher: wahrfcheinlich Fliegen.
Früchte ohne Verbreitungsmittel.
Waldlichtungen, fteinige Weiden, Felfen, Hügel.
Bis 1500 m.
Mitteleuropa, Alpen.

Bupleurum stellatum. — **Stern-Hafenohr.** — Stengel 10—40 cm hoch, nicht oder wenig verzweigt, bläulichgrün. Blätter fchmal, bandförmig, fpitz. Blüten gelb bis braun, in zufammengefetzter Dolde. Am Grunde der großen Dolde zwei bis fünf lang ovale, zugefpitzte Hüllblätter. Diejenigen der kleinen Dolden länger als die Blüten, gegenfeitig zu einheitlicher, mehrzipfliger Schale verwachfen.

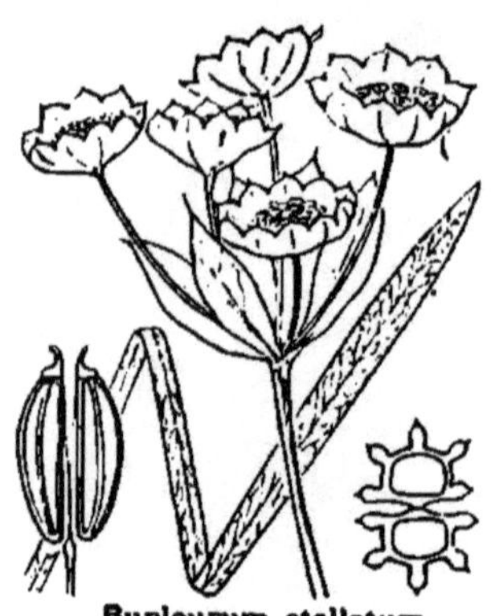
Bupleurum stellatum

Mehrjährig.
Blüht Juli bis Auguft.
Befucher: Fliegen.
Früchte mit geflügelten Rippen (fiehe Skizzen): Windverbreitung.
Trockene Matten, felfige Weiden, Rafenbänder.
1800—2700 m.
Alpen.

Lichte Wälder, steinige Weiden bis 1500 Meter.

Bupleurum longifolium.
Buplèvre à longues feuilles.

Langblättriges Hasenohr.
Long leaved Thorowax.

Magere Wiesen, Gebüsche bis 1900 Meter.

Pimpinella magna.   Grosser Bibernell.
Grande Pimprenelle, Grand Boucage.   *Large Pimpinell.*

Pimpinella magna. — *Tafel 58.* — Stengel dick, gefurcht. Blätter nur einfach gefiedert; die grundſtändigen mit fünf bis neun eiförmigen, grob gezähnten und ſpitzen Abſchnitten. Dolden zuſammengeſetzt. Blüten weiß bis roſa.

Mehrjährig.

Blüht Mai bis Juli.

Beſucher: Käfer, Fliegen.

Früchte ohne Verbreitungsmittel.

Magere Wieſen, Gebüſche, Waldlichtungen, Weiden.

Ebene bis 1900 m. Im Tiefland bis 1 m hoch mit weißen Blüten, in den Alpen nur 30 cm hoch mit roten Blüten.

Mittel- und Weſteuropa.

Myrrhis odorata. — **Duftende Süßdolde.** — 50 bis 150 cm hoch, lang behaart. Stengel dick, gefurcht. Blätter groß, im Umriß dreieckig, weich, zwei- bis dreifach fiederſchnittig. Abſchnitte ſpitz. Blüten weiß, in zuſammengeſetzter Dolde. Am Grunde der großen Dolde keine Hüllblätter, am Grunde der kleinen fünf bis acht ſpitzeiförmige, heruntergeſchlagene Blättchen.

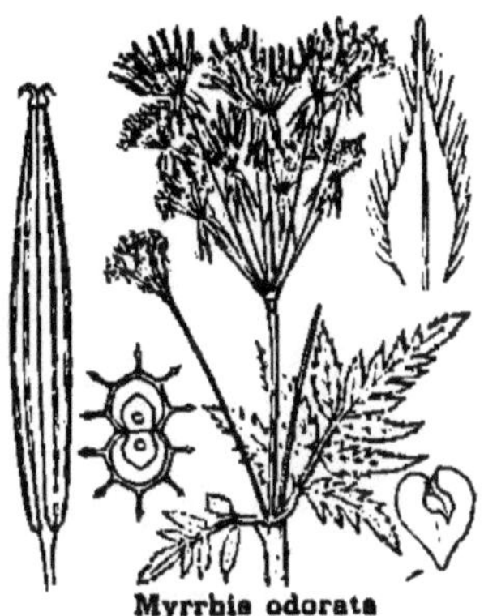

Mehrjährige, nach Anis duftende Pflanze.

Blüht Juni bis Juli.

Beſucher: Käfer, Fliegen.

Früchte mit geflügelten Rippen (ſiehe Skizzen links): Windverbreitung.

Kühle Wieſen, Waldränder, Bachufer.

Buchenregion bis 2400 m.

Mitteleuropa, Alpen, Jura, Vogeſen, Auvergne, Cevennen, Pyrenäen, Karpathen, Bosnien, Macedonien, Kaukaſus, Chile.

Astrantia major. — *Tafel 59.* — Unbehaarte, 20 bis
50 cm hohe Pflanze. Stengel fchwach verzweigt, mit gegenftändigen (einander gegenüber auf gleicher Höhe entfpringenden)
Äften. Blätter glänzend; grundftändige lang geftielt, handförmig drei bis fiebenfpaltig, unregelmäßig gezähnt; ftengelftändige faft ungeftielt. Blüten in einfacher Dolde mit zahlreichen großen, die Blüten überragenden, fpitzen, rofa ange-
hauchten Hüllblättern mit grünem Adernetz.

Mehrjährige, gute Futterpflanze.
Blüht Juli bis Auguft.
Befucher: Käfer, Fliegen.
Früchte mit blafigen Schuppen: Windverbreitung.
Magere Wiefen, feuchte Felfen, 500—2000 m.
Pyrenäen, Auvergne, Italien, Alpen, Jura, faft ganz
      Mitteleuropa, Mittel- und Südrußland, Montenegro.

Astrantia minor. — **Kleine Sterndolde.** — Wie
vorige, aber in allen Teilen kleiner
und zarter. Stengel 15—30 cm
hoch, dünn. Stengelftändige Blätter
mit fchmalen Zipfeln. Hüllblätter
der Dolden weiß.

Mehrjährig.
Blüht Juli bis Auguft.
Befucher: Fliegen.
Früchte mit blafigen Schuppen
    (fiehe Skizze): Windverbreitung.
Magere, fteinige Weiden.
1000—2300 m.
Alpen, Auvergne, Pyrenäen.

Astrantia minor

Weiden, magere Wiesen 5oo-2ooo Meter.

Astrantia major.
Grande astrance, Radiaire.

Grosse Sterndolde.
Greater master-wort.

Lichte Wälder, an feuchten Felsen bis 2000 Meter.

Valeriana montana.
Valériane des montagnes.

Berg-Baldrian.
Mountain Valerian.

Die **Valerianaceen** und **Dipsaceen** find durch den allgemeinen Blütenbau nahe miteinander verwandt, während ihre an die *Compositen* (Tafel 62 ff.) erinnernde Köpfchenbildung nicht auf direkter Verwandtſchaft mit jener Familie beruht.

Valeriana montana. — *Tafel 60.* — Pflanze 20—50 cm hoch, mit zahlreichen Stengeln. Blätter hellgrün, glänzend, lang geſtielt, an den nicht blühenden Trieben rundlich-oval, an den blühenden länglich, mit zuweilen gezähntem Rande. Blüten in dichten Sträußen. Blumenkrone hellrot, trichterförmig, mit fünf Zipfeln.

> Mehrjährig, mit holzigem, ſtark nach Baldrian riechendem Wurzelſtock.
> Blüht Mai bis Juli.
> Beſucher: Fliegen.
> Früchte mit Haar-Fallſchirm: Windverbreitung.
> Waldlichtungen, feuchte Felſen, bis 2000 m.
> Südliches und weſtliches Mitteleuropa: Alpen, Jura, Pyrenäen.

Cephalaria alpina. — **Alpen-Schuppenkopf.** — Bis 1 m hoch. Stengel hohl, glatt. Blätter flaumig behaart; gefiedert, mit gezähnten, ſpitzen Abſchnitten. Blüten gelb, zu kugeligen Köpfchen vereinigt; diefe am Grunde von einem Kranz ſchmaler, ſpitzer Hochblätter umgeben.

Cephalaria alpina

> Mehrjährig.
> Blüht Juni bis Juli.
> Beſucher: Hummeln.
> Früchte ohne Verbreitungsmittel.
> Trockene Weiden, Felſen.
> Alpen der Schweiz, Frankreich und Italien, Jura.

Valeriana saliunca. — *Tafel 61.* — Kahl, 5—15 cm hoch, mit holzigem, verzweigtem Wurzelſtock, der mehrere, aufrechte, gerillte Blütenſchäfte trägt. Grundſtändige Blätter lanzettlich, am Grunde allmählich verſchmälert. Nur ein bis zwei Paare ſtengelſtändiger, ſehr ſchmaler Blätter. Blüten hellrot, in kleinen dichten Ständen.

Mehrjährig.
Wurzelſtock mit ſehr ſtarkem Baldriangeruch.
Blüht Juli bis Auguſt.
Beſucher: vermutlich Fliegen.
Früchte mit Haar-Fallſchirm: Windverbreitung.
Felſen, Gerölle, 1500 bis 2200 m.
Alpen, Pyrenäen.

Die **Caprifoliaceen** oder **Geißblattgewächſe** ſind durch ihren Blütenbau und die gegenſtändigen Blätter mit den *Valerianaceen* und *Dipsaceen* nahe verwandt.

Linnæa borealis. — **Nordiſche Linnæe.** — Zarte Pflanze mit kriechendem, beblättertem Stengel und aufrechten, dünnen, höchſtens 10 cm hohen Blütenſchäften, die in ihrem unteren Teil ein Paar kurzgeſtielter, rundlicher Blätter tragen. Blüten weiß bis roſa, glockenförmig, hängend, zu 1—4 auf gemeinſamem Schaft. Krone fünfzipflig; zwei lange und zwei kurze Staubgefäße.

Mehrjährig.
Blüht Juli.
Beſucher: Fliegen und Falter.
Klettfrüchte im Fell von Säugetieren verbreitet.
Im Moos des Alpenwaldes, beſonders in Arven- und Lärchenbeſtänden.
Savoyen, Wallis, Graubünden, Tirol, Salzburg, Mähren bis Lauſitz, nordpolare Länder.

Felsen, Gerölle 1500-2200 Meter.

Valeriana saliunca.
Valériane à feuilles de saule.

Weidenblättriger Baldrian.
Willow-leaved Valerian.

Felsen, Rasenbänder 800-3000 Meter.

Aster alpinus.
Aster des Alpes.

Alpen-Aster.
Alpine Starwort.

Die Familie der **Compositen** oder **Körbchenblätter,** zu welcher z. B. der *Löwenzahn* und die *Margerite* gehören, ift durch die Anhäufung der Blüten in einem Köpfchen, das man gewöhnlich als Blume bezeichnet, charakterifiert. Von andern Familien mit ähnlichen Blütenftänden (z. B. *Dipsaceen*) unterfcheiden fich die *Compositen* durch den Blütenbau, der fie als nahe Verwandte der *Campanulaceen* (Tafel 83 ff.) verrät; der Kelch fehlt jedoch oder ift in Form eines Haarkranzes ausgebildet, der zur Verbreitung der Früchtchen dient.

Aster alpinus. — *Tafel 62.* — Schwach behaarte, 3—60 cm hohe Pflanze mit aufrechtem, einköpfigem Stengel. Blätter lanzettlich, Köpfchen bis 4,5 cm im Durchmeffer, mit mehrreihiger Hülle fchmaler Hochblättchen. Randblüten violett, zungenförmig, Scheibenblüten gelb, röhrig.

Mehrjährig. Blüht Juli Auguft.
Befucher: vorwiegend Falter.
Früchtchen mit Haar-Fallfchirm: Windverbreitung.
Trockene Weiden, Felsblöcke, befonders auf Kalk. 800—3000 m.
Alpen, Jura, Cevennen, Pyrenäen; Karpathen, Kaukafus, nordpolare Länder, Ural, Altai, Himalaya.

Petasites niveus. — **Schneeweiße Peftilenzwurz.** —
Stengel aufrecht, mit am Grunde breiten, vorn zugefpitzten, fchuppenförmigen Blättern und 20—30 cm langen, dichten Trauben weißer oder blauroter Blütenköpfchen. Grundftändige Blätter geftielt, groß, dreieckig, grob gezähnt, unterfeits weißwollig behaart.

Petasites niveus

Mehrjährig. Blüht April, vor dem Erfcheinen der grundftändigen Blätter.
Befucher: vermutlich Fliegen und Falter.
Früchte mit Haar-Fallfchirm: Windverbreitung.
Bachufer, feuchte Felfen der Nadelholzregion.
Alpen, Jura.

Arnica montana   —   *Tafel 63.*   —   20—60 cm hoch. Grundftändige Rofette von ovalen, gegenftändigen, etwas drüfig behaarten Blättern, aus denen fich ein gerader Stengel mit 1—2 Blattpaaren und meift einem einzigen, 5—8 cm großen Blütenköpfchen erhebt. Randblüten zungenförmig, fatt orangegelb.

Mehrjährige Giftpflanze, deren alkoholifcher Auszug befonders früher zu Kompreffen verwendet wurde.

Blüht Juni Juli.

Befucher: Tagfalter.

Früchte mit Haar-Fallfchirm: Windverbreitung.

Alpen, Vogefen, Auvergne, Cevennen, Pyrenäen; Karpathen, nordpolare Länder, Altai.

Doronicum cordatum. — Herzblättrige Gemswurz. —

Doronicum cordatum.

40—60 cm hoch, fchwach behaart. Stengel verzweigt. Blätter feicht gezähnt, die grundftändigen herzförmig, lang geftielt, die ftengelftändigen am Grunde plötzlich verfchmälert, den Stengel umfaffend. 1—8 Blütenköpfchen auf fchwachen Stielen. Randblüten hellgelb.

Mehrjährig. Blüht Juni bis Auguft.

Befucher: vermutlich Fliegen und Bienen.

Früchtchen mit Haar-Fallfchirm: Windverbreitung.

Bergwälder, Bachufer.

Ebene bis etwa 2200 m.

Alpen, Jura, Vogefen, Auvergne, Cevennen, Pyrenäen.

Matten bis 2800 m.

Arnica montana.
Arnica.

Wohlverleih.
Arnica.

Gerölle, zwischen Felsblöcken 1400–2800 Meter.

Aronicum scorpioides.   Skorpions-Krebswurz.

Aronicum scorpioides. — *Tafel 64.* — Stengel 10 bis 35 cm hoch, aufrecht, oberwärts behaart, verzweigt, mit wenigen, zerftreuten, gezähnten Blättern; die grundftändigen geftielt, eiförmig; die ftengelftändigen fchmal-eiförmig, kaum abftehend, den Stengel teilweife umfaffend. 1—3 große, gelbe Blütenköpfchen.

Mehrjährig. Blüht Juli Auguft.
Befucher: vermutlich Fliegen und Falter.
Früchtchen mit Haar-Fallfchirm: Windverbreitung.
Gerölle, Felfen, befonders auf Kalk, 1600—2500 m.
Alpen, Pyrenäen, Karpathen.

Aronicum Clusii. — **Krebswurz des Clusius.** — Der vorigen ähnlich, unterfcheidet fich von ihr durch den unverzweigten, einköpfigen Stengel, die fchwach gezähnten und am Grunde allmählich verfchmälerten Blätter.

Mehrjährig. Blüht Juli Auguft.
Befucher: Fliegen, Tagfalter.
Früchtchen mit Haar-Fall-
   fchirm: Windverbreitung.
Felsblöcke, Gerölle der Hoch-
   alp.
Alpen, Karpathen, polares
   Europa.

Aronicum Clusii

Erigeron alpinus. — *Tafel 65 A.* — Pflanze 10—30 cm hoch, flaumig behaart. Stengel aufrecht, 1- bis 4köpfig. Blätter lang lanzett, fpitz. Randblüten zungenförmig, rotviolett.

Mehrjährig. Blüht Juli Auguft.

Befucher: vorwiegend Falter.

Früchtchen mit Haar-Fallfchirm: Windverbreitung.

Alpen, Jura, Auvergne, Pyrenäen; Karpathen, Kaukafus, nordpolare Länder, Altai, Himalaya.

Erigeron uniflorus. — **Einköpfiges Berufkraut.** —

Erigeron uniflorus

Unterfcheidet fich von voriger Art durch die wollige Behaarung der Köpfchenhülle, die ftumpfen Blätter und die ftets einzeln ftehenden Köpfchen mit weißen Randblüten.

Mehrjährig.

Blüht Juli bis September.

Befucher: Falter.

Früchtchen mit Haar-Fallfchirm: Windverbreitung.

Rafenbänder, Felfen bis 2700 m.

Alpen, Karpathen, Kaukafus, nordpolare Länder, Altai, Himalaya.

Homogyne alpina. — *Tafel 65 B.* — Grundftändige Rofette nierenförmiger, bis 4 cm großer, geftielter Blätter, die dick, lederartig, runzelig, gezähnt und unterfeits behaart find. Aus ihrer Mitte erhebt fich ein 20—30 cm hoher, faft unbeblätterter, einköpfiger Blütenfchaft. Köpfchen faft cylindrifch, mit rotbraunen Hüllblättern. Alle Blüten röhrenförmig, hellrot.

Mehrjährig. Blüht Juni Juli.

Befucher: vorwiegend Falter, daneben auch Fliegen.

Früchtchen mit Haar-Fallfchirm: Windverbreitung.

Alpen, Jura, Pyrenäen; Karpathen.

A. **Erigeron alpinus.**
Alpen-Berufkraut.
Vergerette des Alpes.
Alpine Fleabane.

B. — Homogyne alpina.
Alpenlattich.
Tussilage des Alpes.
Alpine Coltsfoot.

Weiden, Rasenbänder 1700-3600 Meter.

Leucanthemum alpinum.
Chrysanthème des Alpes.

Alpen-Wucherblume.
Alpine Moon Daisy.

Leucanthemum alpinum. — *Tafel 66.* — Wurzelſtock mit zahlreichen Stengeln, die 5—15 cm hohe Büſche bilden. Stengel aufrecht, unverzweigt, behaart. Blätter zahlreich, geſtielt, die grundſtändigen fiederteilig mit ſchmalen Abſchnitten, die ſtengelſtändigen ſchmal, nicht gezähnt. Blütenköpfchen bis 3 cm im Durchmeſſer, von breiten, ſchwarzgeränderten Schuppen eingehüllt. Zungen der Randblüten weiß oder rötlich-weiß.

Mehrjährig. Blüht Juli.

Beſucher: Fliegen, Falter.

Früchte klein, mit Reſten der Blumenkrone: Windverbreitung.

Felsblöcke, ſteinige Halden, magere Weiden.

1700—3600 m.

Alpen, Pyrenäen, Karpathen.

Leucanthemum coronopifolium. — **Krähenfußblättrige Wucherblume.** — Wenig ſtengelig, 6—30 cm hoch, nicht oder nur wenig verzweigt. Die grundſtändigen Blätter in den Stiel verſchmälert, die ſtengelſtändigen ungeſtielt, alle mit großen, ſchmalen Zähnen. Blütenköpfchen 3—4 cm im Durchmeſſer, von breiten, braungeränderten Schuppen umgeben. Zungen der Randblüten weiß.

Leucanthemum coronopifolium

Mehrjährig. Blüht Juli.

Beſucher: Fliegen, vorwiegend Falter.

Früchte klein, mit Reſten der Blumenkrone: Windverbreitung.

Felsblöcke, Gerölle der Hochalpen.

Alpen, Pyrenäen.

Adenostyles albifrons. — *Tafel 67.* — Bis 1 m hoch, mit aufrechten, oberwärts verzweigten, kurzhaarigen Stengeln. Grundſtändige Blätter rundlich, 30—40 cm breit, unterſeils weißwollig, ungleich grob gezähnt; die ſtengelſtändigen am Grunde mit ohrläppchenartigen Zipfeln. Blütenköpfchen klein, 5- bis 8blütig, zu rundlichem, lockerem Strauß vereinigt. Alle Blüten röhrenförmig, gleichmäßig 5zipflig, hellroſa.

Mehrjährig. Blüht Juli Auguſt.

Beſucher: Fliegen.

Früchte mit Haar-Fallſchirm: Windverbreitung.

Waldlichtungen, im Knieholz, felſige Bachufer.

Bis 2500 m.

Alpen, Jura, Vogeſen, Schwarzwald, Sudeten; Auvergne, Cevennen, Pyrenäen.

Adenostyles leucophylla

Adenostyles leucophylla. — **Weißblättriger Waſſerdoſt.** — Höchſtens 50 cm hoch. Blätter auf beiden Seiten, beſonders unterſeits weißfilzig. Blütenköpfchen in dichten Ständen; jedes mit 12 bis 30 kleinen, hell - roſafarbenen Röhrenblüten.

Mehrjährig. Blüht Juli.

Beſucher: vermutlich Fliegen und Falter.

Früchtchen mit Haar-Fallſchirm: Windverbreitung.

Felſen der Hochalpen.

Weſt- und Oſtalpen.

Adenostyles alpina. — **Alpendoſt.** — Der vorigen ähnlich, jedoch noch kleiner und Blätter beiderſeils grün und gleichmäßig gezähnt. Blütenköpfchen nur 4- — 5blütig.

Mehrjährig. Blüht Juli Auguſt.

Beſucher: Fliegen und Falter.

Früchtchen mit Haar-Fallſchirm.

Lichte Wälder, Felſen, Gerölle der Berge.

Alpen, Jura.

Waldlichtungen, felsige Bachufer bis 2500 Meter.

Adenostyles albifrons.
Cacalie à feuilles blanches.

Weissblättriger Alpendost
White-leaved Butterbur.

Steinige Weiden, Rasenbänder
1800-3400 Meter.

Weiden, sonnige Orte
bis 2800 Meter.

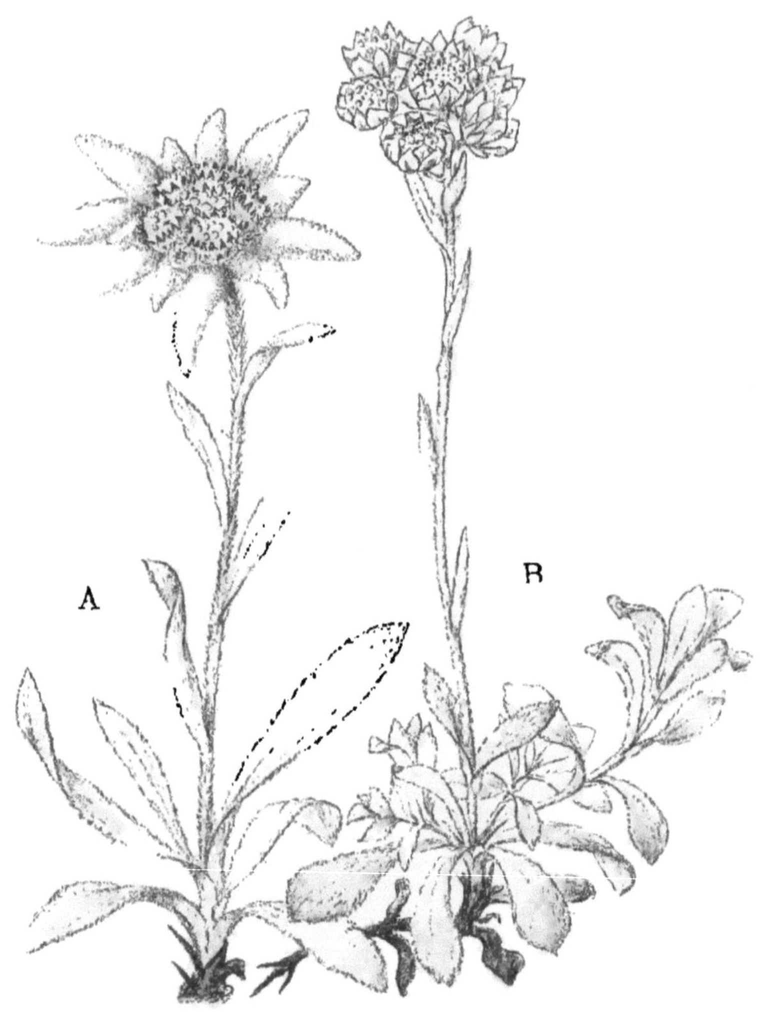

A. — Leontopodium alpinum.
Edelweiss.
Pied de lion.
Edelweiss.

B. - Antennaria dioica.
Katzenpfötchen.
Pied de chat.
Chast-weed.

Leontopodium alpinum. — *Tafel 68 A.* — Pflanze 5 bis 20 cm hoch, mit weißen Wollhaaren dicht befetzt. Blätter fchmal lanzettlich. Stengel aufrecht, unverzweigt, mit dichtem, ein einziges Köpfchen vortäufchendem Stand von Köpfchen mit gelben Röhrenblüten. Der Köpfchenftand von weißfilzigen, fternförmig ausgebreiteten Hüllblättern umgeben.

Mehrjährig. Blüht Juli Auguft. Befonders auf Kalk. Befucher: Fliegen, Käfer.

Früchtchen mit Haar-Fallfchirm: Windverbreitung. Alpen, Jura, Pyrenäen, Karpathen, Altai, Himalaya.

Antennaria dioica. — *Tafel 68 B.* — Weißfilzig, mit niederliegenden, wurzelnden Stengeln, die Rofetten eiförmiger, befonders unterfeits ftark filziger Blätter tragen. Blütenfchäfte aufrecht, 5—25 cm hoch. Männliche Blüten (nur mit Staubgefäßen) und weibliche Blüten (nur mit Stempel) auf verfchiedenen Stöcken: Pflanze zweihäufig, dioecifch. Alle Blüten röhrenförmig, weiß; Köpfchen von weißen oder rötlichen Hüllblättern umgeben.

Mehrjährig. Blüht Mai bis Juli. Befucher: Falter.

Früchte mit Haar-Fallfchirm: Windverbreitung. Alpen, Pyrenäen; Karpathen, Kaukafus, nordpolare Länder, Ural, Altai.

Antennaria carpathica. — **Katzenpfötchen der Karpathen.** — Ohne niederliegende Stengel. Blätter dicht wollig behaart, fchmal. Köpfchen von braunen Hüllblättchen umgeben.

Mehrjährig.
Blüht Juli Auguft.
Befucher: vermutlich Fliegen.
Früchtchen mit Haar-Fallfchirm: Windverbreitung.
Felfige Weiden, magere Matten, 1800—3100 m.
Alpen, Pyrenäen; Karpathen, nordpolare Länder, Ural.

Antennaria carpathica

Die alpinen **Artemisia**-Arten find durch ihre feidenglänzende Behaarung und den Reichtum an aromatifchen Stoffen ausgezeichnet, weshalb fie zur Bereitung fchweißtreibender Aufgüffe verwendet werden. Blüten honiglos: Pollenblumen, im Übergang zur Windbeftäubung begriffen.

Artemisia Mutellina. — *Tafel 69 A.* — Dicht, filberglänzend behaart, 6—20 cm hoch. Blätter 3- bis vielfpaltig mit fchmalen Abfchnitten. Blühende Triebe aufrecht, unverzweigt, mit kugeligen Köpfchen gelber Blüten in lockerer Traube.

Mehrjährig. Blüht Juli Auguft. Windbeftäubung?
Früchtchen ohne Verbreitungsmittel.
Alpen, Pyrenäen, Appennin.

Artemisia glacialis. — **Gletfcher-Edelraute.** —

Der vorigen ähnlich, aber Blütenköpfchen in dichter, faft kugeliger Traube. Blüten lebhaft gelb gefärbt.

Mehrjährig.
Blüht Juli Auguft.
Befucher? Windbeftäubung?
Felsfpalten.
Weft- und Oftalpen.

Artemisia glacialis

Artemisia atrata. — *Tafel 69 B.* — Stengel 20—40 cm hoch, fteif, kahl. Blätter fiederfpaltig, mit fehr fchmalen Abfchnitten, mehr oder weniger weiß behaart. Köpfchen kugelig, von braun berandeten Schuppen umgeben, in länglicher Traube.

Mehrjährig. Blüht Juli Auguft. Windbeftäubung?
Früchtchen ohne Verbreitungsmittel.
Felsblöcke, Rafenbänder der Hochalpen.
Weft- und Südalpen, fehlt der Schweiz.

Sonnige Felsen
1600-3500 Meter.

Steinige Matten, Rasenbänder
der alpinen Region.

A. — **Artemisia Mutellina.**
Edelraute.
Génépi.
Mutellina Wormwood.

B. — **Artemisia atrata.**
Schwärzlicher Beifuss.
Armoise noirâtre.
Black Wormwood.

Waldlichtungen, schattige Weiden und Felsen bis 2000 Meter.

Bellidiastrum Michelii.
Bellidiastrum de Micheli.

Michelis Sternliebe.
Micheli's Bellidiastrum.

Bellidiastrum Michelii. — *Tafel 70.* — Gleicht fehr unferem gemeinen Gänfe- oder Mattenblümchen *(Bellis perennis)*, ift jedoch in allen Teilen größer, auch befitzen die Blüten einen Haarkelch, der bei *Bellis* fehlt. Mittlere Blüten des Köpfchens (Scheibenblüten) röhrenförmig, gelb, Randblüten zungenförmig, weiß.

Mehrjährig. Blüht Juni Juli.
Befucher: Fliegen, Schmetterlinge.
Früchtchen mit Haar-Fallfchirm: Windverbreitung.
Schattige Weiden, feuchte Felfen, Berge bis 2000 m.
Alpen, Jura, Schwarzwald, Vogefen, Karpathen.

Buphthalmum grandiflorum. — **Großes Rindsauge.**
Stengel fteif, verzweigt, 30—50 cm hoch, gleichmäßig beblättert. Blätter ungeteilt, lanzettlich, mit feiner Spitze, fein gezähnt. Blütenköpfchen 5 cm im Durchmeffer. Randblüten zungenförmig, vorn abgeftutzt, dreizähnig, wie die röhrenförmigen Scheibenblüten lebhaft gelb.

Buphthalmum grandiflorum

Mehrjährig.
Blüht Juni bis Juli.
Befucher: Fliegen, Bienen, Schmetterlinge.
Früchtchen ohne Verbreitungsmittel.
Waldlichtungen, Felfen, auf Kalk.
Alpen, Jura, Cevennen.

Senecio incanus. — *Tafel 71.* — Niedrige Pflanze
mit kriechendem Wurzelſtock und Roſette kleiner, wollig behaarter, fiederſchnittiger Blätter, mit ſchmalen, gleichartigen
Abſchnitten. Blütenköpfchen klein, in kurzer Traube. Jedes
enthält nur 6—8 orangegelbe Blüten, wovon 2—4 zungenförmig ſind.

Mehrjährig. Blüht Juli Auguſt.
Beſucher: vermutlich Fliegen, Falter.
Früchtchen mit Haar-Fallſchirm: Windverbreitung.
Steinige Weiden, trockener Urgeſteinsſchutt.
1800—3000 m.
Nur in den Alpen.

Senecio leucophyllus. — Weißblättriges Krenzkraut.

Dem vorigen ähnlich, jedoch die in
dichten Büſchen am Stengelgrunde
ſtehenden Blätter derb, beidſeitig dicht
wollhaarig, tief fiederſchnittig, mit
breiten, abgerundeten Abſchnitten.
Köpfchen zahlreich, jedes mit 5 bis
7 gelben Zungenblüten, in breitem
Strauße.

Mehrjährig.
Blüht Auguſt bis September.
Beſucher: vermutlich Fliegen und
　　Falter.
Früchtchen mit Haar-Fallſchirm:
Windverbreitung.
Felsblöcke, Gerölle, auf Urgeſtein, beſonders auf den
　　Bergkämmen. 1800—2650 m.
Cevennen, Oſt-Pyrenäen.

Senecio leucophyllus

Senecio Cineraria. — Die **Cinerarie** iſt eine der
vorigen ähnliche, beſonders früher beliebte, weißfilzige Zier-
pflanze mit fiederſchnittigen Blättern. Wild kommt ſie auf
den Felſenufern des Mittelmeeres vor.

Steinige trockene Orte 1800-3000 Meter.

Senecio incanus.
Seneçon blanchâtre.

Graues Kreuzkraut.
Gray Staggerwort.

Gerölle, steinige Weiden 1500-2500 Meter.

Senecio Doronicum.
Seneçon Doronic.

Gemswurz-ähnliches Kreuzkraut.
Leopard's bane Groundsel.

Senecio Doronicum. — *Tafel 72.* — Stengel kräftig, aufrecht, 20—40 cm hoch, fein fpinnwebeartig weißhaarig. Blätter lederartig dick, kahl, oder befonders unterfeits weiß fpinnwebeartig behaart; die ftengelftändigen Blätter am Rande etwas umgerollt. Stengel 1—3 köpfig. Randblüten zahlreich, zungenförmig, gold- oder orangegelb.

Mehrjährig. Blüht Juli Auguft. Vorwiegend auf Kalk.
Befucher: Fliegen, befonders Falter.
Früchtchen mit Haar-Fallfchirm: Windverbreitung.
Alpen, Jura, Auvergne, Pyrenäen; Karpathen.

Senecio aurantiacus. — **Orangerotes Kreuzkraut.** —
Wollhaarig, mit grundftändiger Ro-
fette länglich ovaler, aufrechter, am
Grunde verfchmälerter Blätter. Stengel 20—40 cm hoch, aufrecht, unverzweigt, beblättert, trägt 1—6 Blütenköpfchen mit dunkelbraunen Hüllblättern. Randblüten zungenförmig,
orangerot.

Mehrjährig.
Blüht Mai bis Juli.
Beftäubung, Fruchtverbrei-
    tung wie bei vorigem.
Steinige Weiden, trockene
    Matten, Felfen; auf Kalk.
Ganze Alpenkette.

Senecio cordatus. — **Herzblättriges Kreuzkraut.** —
Stengel 25—150 cm hoch, ftark gerillt, oberwärts verzweigt. Alle Blätter geftielt, herzförmig, ungleichmäßig gezähnt, unterfeits etwas behaart. Blütenköpfchen zahlreich, gelb. Rand-
blüten zungenförmig.

Mehrjährig. Blüht Juli Auguft.
Befucher: Fliegen, Schmetterlinge.
Früchtchen mit Haar-Fallfchirm: Windverbreitung.
Feuchte Weiden, Läger, in der Nähe der Sennhütten.
Bis zur Nadelholzregion.
Alpen, Vogefen, fehlt dem Jura.

Achillea nana. — *Tafel 73 A.* — Weißwollig, zottig, rofettenbildend. Blätter lang, fiederfchnittig mit zahlreichen fchmalen Abfchnitten. Stengel 6—15 cm hoch, mit 6—10 Blütenköpfchen, die einen faft kugeligen Strauß bilden. Randblüten weiß, kurz zungenförmig.

Mehrjährig. Blüht Juli Auguft.

Befucher: Fliegen.

Früchtchen flachgedrückt, geflügelt: Windverbreitung.

Nur in den Alpen.

Achillea herba-rota. — *Tafel 73 B.* — Stengel zahlreich, aufrecht, 10—20 cm hoch, beblättert. Blätter lanzettlich, ftark gezähnt. Blütenköpfchen geftielt, mit je 5—6 gelben Zungenblüten und braunen Hüllblättern, zu lockerem Strauß vereinigt.

Mehrjährig. Blüht Juli Auguft.

Befucher? Früchtchen?

Weftalpen (Frankreich, Italien).

Achillea tanacetifolia. — **Rainfarnblättrige Schafgarbe.** — Schwach behaart. Stengel aufrecht, bis 80 cm hoch. Blätter langlanzettlich, fiederfchnittig, mit fpitz gezähnten Abfchnitten. Randblüten weiß bis rot.

Achillea tanacetifolia

Mehrjährig.

Blüht Juli bis Auguft. Befucher?

Früchtchen durch Wind verbreitet.

Trockene Matten, fchattige Felfen, Bergwälder.

Alpen von Savoyen, Dauphiné.

Steinige Weiden, Moränen der alpinen Region.

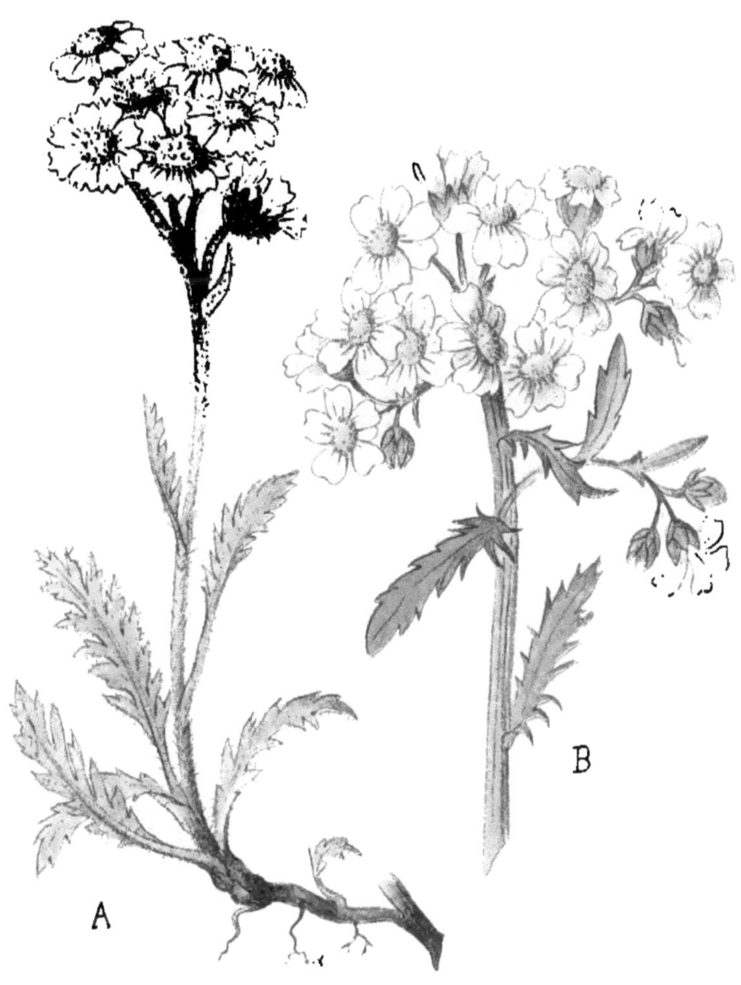

A. **Achillea nana.**
Zwerg-Schafgarbe.
Achillée naine.
Dwarf-Yarrow.

B. -- **Achillea herba rota.**
Herba rota.
Herba rota.
Herba rota.

Feuchte Felsen der Bergwälder und Weiden bis 1800 Meter.

Centaurea montana.　　　　Bergflockenblume.
Centaurée, Bluet des montagnes. Mountain Corn-flower, Bluebottle.

Centaurea montana. — *Tafel 74.* — Pflanze fpinnwebeartig behaart. Blätter lanzettlich, zugefpitzt. Die Blattflächen
laufen als Flügel am Stengel herunter. Diefer 20—40 cm
hoch, mit einem großen Blütenköpfchen. Hüllblättchen grün,
mit fchwarzen Franfen. Randblüten blau, trichterförmig, fünfzipflig. Innere Blüten kurz röhrenförmig, violettrot.

Mehrjährig. Blüht Juli Auguft.
Befucher: Bienen, Hummeln.
Früchtchen mit Haar-Fallfchirm: Windverbreitung.
Feuchte Matten, Waldlichtungen, feuchte Felfen.
Bis 1800 m.
Alpen, Jura, Vogefen, Schwarzwald, Gebirge von
    Süddeutfchland; Auvergne, Cevennen, Pyrenäen.

Carlina acaulis. — **Kurzftengelige Silberdiftel.** —
Die kurzen Stengel tragen zahlreiche,
rofettig angeordnete, kahle, fieder-
fchnittige Blätter mit ftachlig gezähnten Abfchnitten und ein großes,
von ftachligen Hüllblättern umge-
benes Blütenköpfchen. Die inneren
Hüllblättchen weiß, zungenförmig zugefpitzt, täufchen Zungenblüten vor.
Alle Blüten röhrig, unfcheinbar.

Mehrjährig. Blüht Juli Auguft.
    Bei Sonnenfchein und
trockener Luft find die
weißen Hüllblätter ftern-

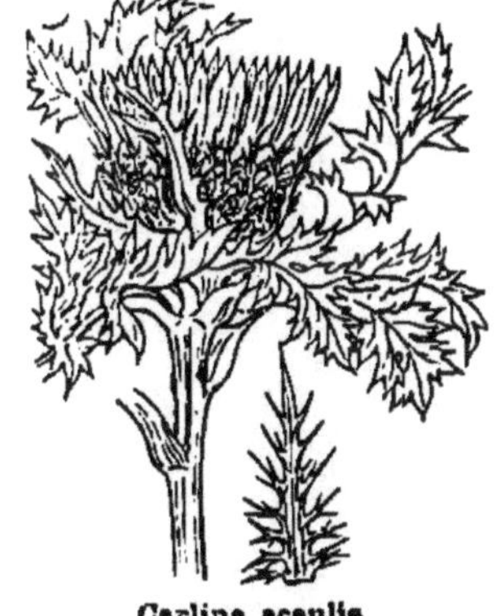

Carlina acaulis

förmig ausgebreitet; bei Regenwetter fchließen fie
über dem Köpfchen zufammen: eine fogen. hygro-
fkopifche Bewegung, die auch getrocknete (natür-
lich nicht gepreßte) Exemplare ausführen. Die
Skizze gibt eine mittlere Stellung der Strahlen
wieder.
Befucher: Bienen, Falter.
Früchtchen mit Haar-Fallfchirm: Windverbreitung.
Trockene, fteinige Weiden, vorwiegend auf Kalk.
Berge von faft ganz Mitteleuropa, Alpen, Jura.

Centaurea uniflora. — *Tafel 75.* — Stengel aufrecht, unverzweigt, 20—40 cm hoch, einköpfig. Blätter beidfeitig weißwollig behaart, am Grunde verfchmälert. Hüllblätter der Blütenköpfchen braun bis fchwarz, mit langer zurückgefchlagener, kammförmig gezähnter Spitze. Blüten purpurrot. Randblüten zahlreich, groß, trichterförmig, fünfzipflig.

Mehrjährig. Blüht Juli Auguft.
Befucher: vermutlich Falter, daneben auch Hummeln.
Früchtchen mit Haar-Fallfchirm: Windverbreitung.
Alpen von Piemont, Dauphiné, Provence.

Centaurea nervosa. — **Nervige Flockenblume.** — Der vorigen ähnlich, aber grau behaart und die Blattnerven auf der Unterfeite ftark hervortretend, am Blattrande oft in breite Zähne auslaufend.

Mehrjährig. Blüht Juli Auguft.
Befucher: vermutlich Hummeln und Falter.
Früchtchen mit Haar-Fallfchirm: Windverbreitung.
Trockene Wiefen, Weiden, 1500—2000 m.
Ganze Alpenkette.

Serratula nudicaulis. — **Nacktftengelige Scharte.** — Stengel 20—50 cm hoch, unverzweigt, einköpfig, oberwärts nicht beblättert. Blätter weich, die untern langoval, am Grunde verfchmälert, die oberen fchmallanzett, wenigzähnig, ungeftielt. Hüllblätter des Köpfchens mit fchwarzer, auswärts gerichteter Spitze. Alle Blüten röhrenförmig, violettrot.

Mehrjährig. Blüht Juni bis Juli.
Befucher: vermutlich Hummeln, Falter.
Früchtchen mit Haar-Fallfchirm: Windverbreitung.

Serratula nudicaulis

Mähwiefen der Berge.
Alpen, Cevennen, Pyrenäen.

Mähwiesen über 1500 Meter.

Centaurea uniflora.
Centaurée à une fleur.

Einblütige Flockenblume.
One-flowered Knapweed.

Felsige Weiden, Gerölle der Hochalpen bis über 2500 Meter.

Saussurea depressa.   Niedrige Alpenscharte.
Saussurée déprimée.   *Short Saussurea.*

Saussurea depressa. — *Tafel 76.* — Stengel 3—8 cm
hoch, beblättert. Blätter dichtstehend, lanzettlich, gezähnt
und zugespitzt, oberfeits grün, fpinnwebehaarig, unterfeits
weiß wollhaarig. Blütenköpfchen in dichter Traube, oft von
den Blättern überragt. Köpfchen mit angedrückten, wolligen
Hüllblättern. Blüten rötlich.

Mehrjährig. Blüht Juli Auguft.
Befucher: Fliegen.
Früchtchen mit Haar-Fallfchirm: Windverbreitung.
Alpen von Frankreich, Italien und Tirol.

Saussurea alpina. — **Alpenfcharte.** — Der vorigen
ähnlich, aber größer, bis über 20 cm.
Die Blätter erreichen nie die Köpf-
chentraube.

Mehrjährig.
Blüht Juli bis Auguft.
Befucher: Fliegen.
Früchtchen mit Haar-Fall-
    fchirm: Windverbreitung.
Felfen, fteinige Weiden.
Bis über 2300 m.
Pyrenäen, Alpen, Karpathen,
    Nordpolarländer,   Ural,
    Himalaya.

Saussurea alpina

Berardia subacaulis. — **Kurzftengelige Berardie.** —
Merkwürdige Pflanze mit großer Rofette ovaler oder rundlicher Blätter, die zuerft weißwollig behaart find, fpäter
oberfeits grünlich werden. In ihrer Mitte ein großes kugeliges
Köpfchen, das von zahlreichen weiß wollhaarigen, fchmalen,
fpitzen Hüllblättchen umgeben ift, und zahlreiche weiße
Röhrenblüten enthält.

Mehrjährig. Blüht Juli. Befucher?
Früchtchen mit Haar-Fallfchirm: Windverbreitung.
Felsblöcke, Gerölle, 1200—2500 m.
Nur in den Weftalpen (Piemont, Dauphiné, Provence).

Prenanthes purpurea. — *Tafel 77.* — Stengel über
1 m hoch, dünn, aufrecht, kahl, mit abftehenden Äften.
Blätter lang, mit ohrläppchenartig vorgezogenem Blattgrund;
wachsgrün, nicht benetzbar. Trauben der Köpfchen fehr
locker. Köpfchen klein, mit nur fünf violettrolen zungen-
förmigen Blülen.

Mehrjährige Pflanze mit weißem Milchfaft.
Blüht Juli Auguft.
Befucher: Bienen, Hummeln.
Früchtchen mit Haar-Fallfchirm: Windverbreitung.
Im Schatten der Bergwälder (bis 2000 m) von Mittel-
    und Südeuropa; fo in den Alpen, Jura, Vogefen,
    Auvergne, Cevennen, Pyrenäen.

Lactuca perennis. — **Mehrjähriger Lattich.** — Pflanze
kahl, 25—40 cm hoch, Stengel auf-
recht, verzweigt. Blätter bläulichgrün, tief fiederfpaltig, mit fchmalen
Zipfeln. Alle Blüten zungenförmig,
hellblau oder violett.

Mehrjährig. Blüht Mai bis Juli.
Befucher: Fliegen.
Früchtchen mit Haar-Fallfchirm:
    Windverbreitung.
Felfen, Gerölle, Gefteinfchutt,
    Rafenbänder.

Lactuca perennis

Aus der Ebene bis in die Berg-
region (ca. 1500 m) von Süd- und Mitteleuropa.

Schattige Bergwälder bis über 20 Meter.

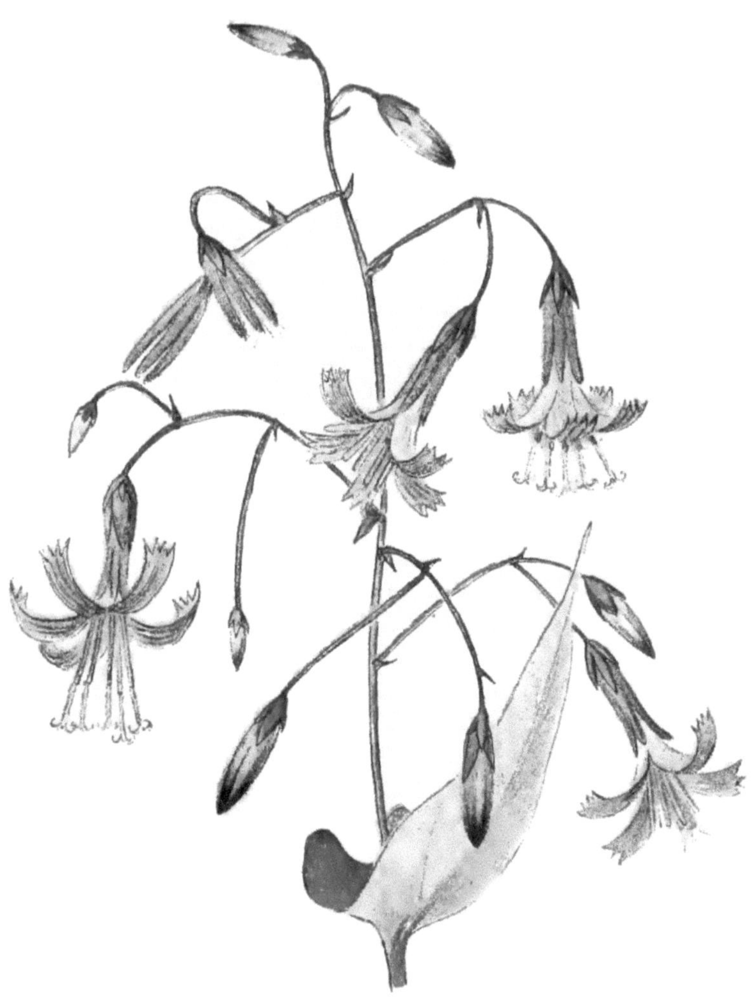

Prenanthes purpurea.
Laitue à fleurs pourpres.

Roter Hasenlattich.
Purple Lettuce.

Fette Weiden, Wiesen 1000–2700 Meter.

Crepis aurea.
Crépide dorée.

Goldroter Pippau.
Golden Hawksbeard.

Crepis aurea. — *Tafel 78.* — Grundſtändige Roſette länglicher, grob gezähnter, glatter, glänzender Blätter, die allmählich in den Blattſtiel übergehen. Meiſt nur ein einziger, 6—30 cm hoher, ſchwach behaarter Schaft mit einem aufrechten Köpfchen, das viele zungenförmige, orangerote Blüten enthält. Hüllblättchen mit langen, ſteifen, ſchwarzen Haaren.

Mehrjährige, vorzügliche Futterpflanze. Blüht Juli Aug.
Befucher: vorwiegend Falter.
Früchtchen mit Haar-Fallfchirm: Windverbreitung.
Alpen, Jura, Pyrenäen.

Crepis grandiflora. — **Großblumiger Pippau.** — Stengel 40 cm hoch, aufrecht, verzweigt, ſchwach beblättert, mit feinen Drüſenhaaren. Grundſtändige Blätter lanzettlich, wie die des Löwenzahns unregelmäßig, grob gezähnt. Stengelſtändige Blätter mit ohrläppchenartig vorgezogenem Blattgrund. Jeder Zweig mit einem großen, gelben Blütenköpfchen.

Mehrjährig. Blüht Juli Auguſt.
Befucher: Käfer, Fliegen, wohl auch Hummeln, Falter.
Früchtchen mit Haar-Fallfchirm: Windverbreitung.
Weiden, befonders auf Urgeftein, bis 2000 m.
Alpen, Appennin, Auvergne, Cevennen, Pyrenäen, Riefengebirge, Karpathen, Kaukafus.

Leontodon Taraxaci. — **Pfaffenröhrlein-Löwenzahn.**
Grundſtändige Roſette grob gezähnter Blätter. Blütenfchaft blattlos, unterhalb des Köpfchens verdickt und wie die Hüllblätter dunkel behaart. Alle Blüten zungenförmig, gelb.

Mehrjährig. Blüht Juli Aug.
Befucher: Falter, daneben Fliegen, Bienen, Hummeln.
Früchtchen mit Haar-Fallfchirm: Windverbreitung.
Magere Wiefen, fteinige Örte über 1800 m.
Alpen, Pyrenäen, Karpathen.

Crepis pygmaea. — *Tafel 79.* — Stengel niederliegend, vom Grund aus äftig. 5—15 cm hoch. Blätter länglich oval, gezähnt, allmählich in den langen Stiel übergehend, mehr oder weniger weißwollig behaart. Köpfchenftiele lang, mit je einem blaßgelben Köpfchen, das von fchmalen, fpitzen Hüllblättchen umgeben ift.

Mehrjährig. Blüht Juli.
Befucher: vermutlich Hummeln, Falter.
Früchtchen mit Haar-Fallfchirm: Windverbreitung.
Felsblöcke, Gerölle.
1000—2700 m; fteigt zuweilen tiefer hinab.
Alpen, Pyrenäen.

Crepis blattarioides. — **Schabenkrautartiger Pippau.**

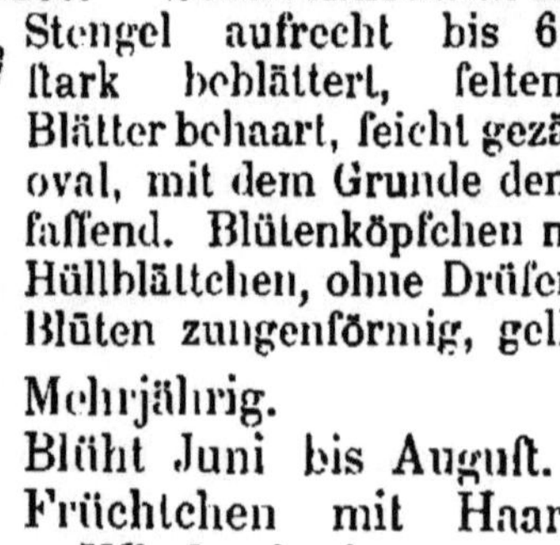

Stengel aufrecht bis 65 cm hoch, ftark beblättert, felten verzweigt. Blätter behaart, feicht gezähnt, länglich oval, mit dem Grunde den Stengel umfaffend. Blütenköpfchen mit behaarten Hüllblättchen, ohne Drüfenhaare. Alle Blüten zungenförmig, gelb.

Mehrjährig.
Blüht Juni bis Auguft. Befucher?
Früchtchen mit Haar-Fallfchirm: Windverbreitung.
Mähwiefen, Weiden.
Alpen, Jura, Vogefen, Pyrenäen.

Crepis blattarioides

Crepis albida. — **Weißlicher Pippau.** — Stengel 10 bis 30 cm hoch. Blätter grundftändig, drüfig behaart, lanzettlich, grob gezähnt. Blütenköpfchen groß, zu 1—3, mit behaarten, am Rande weißen Hüllblättern.

Mehrjährig. Blüht Juni Juli.
Befucher: Fliegen, Bienen.
Früchtchen mit Haar-Fallfchirm: Windverbreitung.
Wiefen, fteinige Rafen, Gerölle, bis 2000 m.
Franzöfifche und italienifche Alpen, Cevennen, Pyrenäen.

Felsige Matten, Gerölle 1500-2700 Meter.

Crepis pygmaea.
Crépide naine.

Zwerg Pippau.
Dwarf-Hawksbeard.

Felsen der Alpenregion bis über 2000 Meter.

Hieracium lanatum.
Épervière laineuse.

Wolliges Habichtskraut.
Woolly Hawk-weed.

Hieracium lanatum. — *Tafel 80.* — Ganze Pflanze
mit dichtem Kleid von Wollhaaren. Stengel 15—40 cm hoch,
faſt vom Grund an verzweigt, mit langen 1—3 köpfigen Äſten.
Blätter eiförmig zugeſpitzt, geſtielt, mit meiſt gewelltem Rande.
Alle Blüten zungenförmig, gelb. Hüllblätter der Köpfchen
ebenfalls lang behaart.

Mehrjährig. Blüht Mai bis Juli.
Beſucher: vermutlich Fliegen und Falter.
Früchtchen mit Haar-Fallſchirm (dieſer ſteif, brüchig):
    Windverbreitung.
Felſen bis über 2000 m.
Südweſt-Schweiz, franzöſiſche und italieniſche Alpen.

Hieracium Auricula. — **Öhrchen-Habichtskraut.** —

Raſenbildende Pflanze mit beblätterten, oberirdiſchen Ausläufern.
Blätter bläulichgrün, lanzettlich, nur
an der Baſis behaart, in grundſtändiger Roſette. Blütenſchäfte aufrecht, 10—20 cm hoch, faſt blattlos,
mit zwei bis ſechs kleinen Köpfchen.
Alle Blüten zungenförmig, hellgelb.

Mehrjährig.
Blüht Mai bis Oktober.
Beſucher: Fliegen, vorwiegend
    Falter.
Früchtchen mit Haar-Fall-
    ſchirm: Windverbreitung.
Hügel bis 2500 m.
In ganz Europa (Alpen, Pyrenäen, Karpathen).

Hieracium Auricula

Hieracium aurantiacum. — *Tafel 81.* — Faſt alle Blätter in grundſtändiger Roſette, lebhaft grün, lanzettlich, beiderſeits mit weichen abſtehenden Haaren beſetzt, ebenſo der 15—40 cm hohe Stengel, der 3—9 dicht ſtehende Blütenköpfchen trägt. Hüllblätter mit abſtehenden ſchwarzen Haaren. Alle Blüten zungenförmig, orangerot.

Zwei- bis mehrjährig. Blüht Juni bis Auguſt.
Beſucher: Falter.
Früchtchen mit Haar-Fallſchirm: Windverbreitung.
Magere Wieſen, trockene, ſteinige Weiden.
1400—2600 m.
Alpen, Vogeſen, Karpathen, Auvergne.

Hieracium staticifolium. — **Grasnelkenblättriges Habichtskraut.** — Stengel meiſt unverzweigt, dünn, 1—2 blättrig, 15—40 cm hoch, mit unterirdiſchen Ausläufern. Meiſt ganz kahl, bläulichgrün. Blätter ſchmal, in grundſtändiger Roſette. Blütenköpfchen mit lang zugeſpitzten Hüllblättchen. Alle Blüten zungenförmig, ſchwefelgelb.

Hieracium staticifolium

Mehrjährig. Blüht Juli Auguſt.
Beſucher: Fliegen, vorwiegend Falter.
Früchtchen mit Haar-Fallſchirm: Windverbreitung.

Gerölle, Felſen und Felsblöcke, ſteigt oft im Flußkies ins Tal (am Genferſee!), 800—3200 m.
Alpen, Jura.

Magere Matten, steinige Weiden 140.-2600 Meter.

Hieracium aurantiacum. Orangerotes Habichtskraut.
Epervière orangée. *Grimm the Collier.*

Schattige Nadelholzwaldungen bis 2300 Meter.

Sonchus alpinus.   Alpen-Gänsedistel.
Laiteron des Alpes.   *Alpine Hare's Lettuce.*

Sonchus (Mulgedium) alpinus. — *Tafel 82.* — Bis
1 m hoch, mit unverzweigtem, aufrechtem, oben behaartem
Stengel. Blätter faſt kahl, breit ſchrotſägeförmig eingeſchnitten,
mit großem dreieckigem Endabſchnitt; umfaſſen mit dem
ohrläppchenartig vorgezogenen Grunde den Stengel.

Zahlreiche Blütenköpfchen, zu länglicher, drüſig-behaar-
ter Traube vereinigt. Alle Blüten zungenförmig, blauviolett.

Mehrjährig. Blüht Juli Auguſt.

Befucher: Bienen, Hummeln, Falter.

Früchtchen mit Haar-Fallfchirm: Windverbreitung.

Schattige Nadelholzwälder, Grünerlengebüfch, bis
    2300 m.

Europäifche Gebirge, z. B. Alpen, Jura, Vogefen,
    Auvergne, Pyrenäen.

Sonchus (Mulgedium) Plumieri. — **Plumiers Milch-
lattich.** — Dem vorigen ähnlich,
jedoch oberwärts verzweigt, Blätter
gleichmäßig eingefchnitten, umfaſſen
den Stengel ebenfalls mit ihren ohrläppchenartig abgerundeten Bafal-
zipfeln. Blütenköpfchen in breiter
drüfenlofer Traube. Blüten blauviolett.

Sonchus Plumieri

Mehrjährig. Blüht Juli Auguſt.

Befucher: vermutlich Bienen,
    Hummeln, Falter.

Schattige Wälder, Felfen des
    Bergwaldes, bis 2000 m.

Gebirge von Nordeuropa,
    Alpen, Vogefen, Cevennen, Pyrenäen.

Die **Campanulaceen** find mit den Compositen durch ihren allgemeinen Bau und die Struktur der Blüten nahe verwandt und bilden fozufagen deren Vorftufe, auf welcher die befonderen Eigentümlichkeiten derfelben (Schwund des Kelches, Verwachfung der Staubkolben, Anhäufung der Blüten in Köpfchen) fchon angedeutet find.

Campanula barbata. — *Tafel 83.* — Stengel 10 bis 35 cm hoch. Blätter lanzettlich. Blüten zu 2—7 in endftändiger einfeitiger Traube. Kelch behaart, 2×5-zipflig. Blumenkrone hellblau, glockenförmig, 2—3 cm lang, bärtig, mit 5 kurzen Zipfeln.

Mehrjährig. Blüht Juli Auguft.
Befucher: vorwiegend Hummeln.
Samen klein, flach: Windverbreitung.
Alpen, Sudeten, Transfilvanien.

Campanula latifolia. — Breitblättrige Glockenblume.
Bis 1 m hoch, mit dickem Wurzelftock, ftarken, unverzweigten, glatten Stengeln, die große, fpitzeiförmige, fchwach gezähnte Blätter und eine Blütentraube tragen. Blüten 4—5 cm lang, aufrecht. Krone glockenförmig, blau, 5-zipflig, bis auf $^2/_3$ verwachfen.

Mehrjährig. Blüht Juli Auguft.
Befucher: Bienen, Hummeln.
Samen klein, flach: Windverbreitung.
Lichte Bergwälder, bis zur Waldgrenze.

Campanula latifolia

Pyrenäen, Auvergne, Alpen, Jura, Vogefen, Schwarzwald, bis in den Ural und das Kafpi-Gebiet.

Mähwiesen, Weiden 900-2800 Meter.

Campanula barbata.
Campanule barbue.

Bärtige Glockenblume.
Bearded Bell-flower.

Trockene Weiden, magere Matten 1500-2300 Meter.

Campanula thyrsoidea.   Straussblütige Glockenblume.
Campanule à fleurs en thyrse.   *Tufted Bell-flower.*

Campanula thyrsoidea. — *Tafel 84.* — Rofette von langen fchmalen, behaarten Blättern. Stengel dick, unverzweigt, 10—30 cm hoch, bis zum Blütenſtand beblättert. Diefer als dichte, eiförmige Ähre ausgebildet. Blüten blaßgelb, ſteifhaarig, 5-zipflig, nur bis zur Mitte verwachſen.

Zweijährig. Blüht Juli Auguſt.

Befucher: Hummeln, Falter.

Samen klein, flach: Windverbreitung.

Trockene Weiden, magere Matten, Rafenbänder, befonders auf Kalk, 1500—2300 m.

Alpen, Jura.

Campanula speciosa. — **Schöne Glockenblume.** —
Pflanze 20—50 cm hoch, mit dickem Wurzelſtock, ſtarken, unverzweigten, aufrechten, kantigen, ſtark beblätterten Stengeln, die eine aufrechte Traube von 4—5 cm langen, lebhaft blauen Blüten tragen. Kelch wie bei *Campanula barbata* 2×5-zipflig.

Mehrjährig. Blüht Juni Juli.

Befucher: vermutlich Bienen und Hummeln.

Samen klein, flach: Windverbreitung.

Felfen, Gerölle der Kalkberge. 800—1500 m.

Pyrenäen, Cevennen, fehlt den Alpen.

Campanula medium. — **Garten-Glockenblume.** —
Gleicht der vorigen, befitzt jedoch 5, ſtatt nur 3 Narben, und eine 5fächerige, ſtatt 3fächerige Frucht.

Stammt aus Südeuropa; in mehreren Varietäten mit weißen und rofafarbenen, einfachen und gefüllten Blumen kultiviert.

Campanula Allionii (alpestris). — *Tafel 85.* —
Rafenbildende, Ausläufer treibende, niedere Pflanze. Stengel
aufrecht, unverzweigt, an der Baſis mit lanzettlichen und
ſchwach behaarten Blättern dicht beſetzt. Blüten einzeln,
blauviolett, überhängend, mit behaartem, 2×5-zipfligem Kelch.
Blumenkrone 3—4 cm lang, kahl, mit 5 ſehr kurzen Zipfeln.

Mehrjährig. Blüht Juli Auguſt.
Befucher: vermutlich Hummeln.
Samen flach, klein: Windverbreitung.
Seealpen, Provence, Dauphiné.

Campanula linifolia. — **Leinblättrige Glocken-**
blume. — Kurzer Wurzelſtock ohne
grundſtändige Blattroſette. Stengel
dünn, feſt, von ſchmalen, ſpitzen,
am Rande ſchwach gezähnten, unge-
ſtielten Blättern dicht beſetzt. Blüten
in endſtändiger Traube. Kelchzipfel
ſpitz. Krone blauviolett, unbehaart,
1—2 cm lang, kurz 5-zipflig.

Mehrjährig. Blüht Juli Auguſt.
Befucher: vorwiegend Bienen und
    Hummeln, daneben Falter.
Samen flach, klein: Windverbr.

Campanula linifolia

Mähwiefen, trockene Matten.
Franzöſiſche Alpen, Jura, Vogeſen, Auvergne, Ce-
    vennen, Pyrenäen. 1000 1800 m.

Campanula rotundifolia. — **Rundblättrige Glocken-**
blume. — Der vorigen ähnlich, jedoch zarter. Die kurz-
lebigen, roſettenbildenden grundſtändigen Blätter ſind rundlich, gezähnt; die ſtengelſtändigen ſchmal. Blüten blauviolett,
nicht ſo zahlreich wie bei voriger.

Mehrjährig. Blüht Juni bis Oktober.
Beſtäubung und Samen wie bei voriger.
Felſen, ſteinige Orte der Berge.
Gemäßigte Zone der nördlichen Halbkugel, in Lapp-
    land bis 71° n. Br.

Felsblöcke, Gerölle 1600-2600 Meter.

Campanula Allionii.
Campanule d'Allioni.

Allioni's Glockenblume.
Allioni's Bell-flower.

Steinige Orte, nicht über der Baumgrenze.

Campanula spicata.
Campanule en épi.

Aehrige Glockenblume.
Spiked Bell-flower.

Campanula spicata. — *Tafel 86.* — Hohe, weiß behaarte Pflanze mit dicker, fpindelförmiger Wurzel und aufrechtem, unten ftark beblättertem Stengel. Blätter lang, fpitz, mit welligen Rändern, ungeftiell, borftig behaart. Blüten in langer Ähre, die den größten Teil des Stengels in Anfpruch nimmt. Kelch und Krone behaart, letztere trichterförmig, blau, 5zipflig, bis auf $^2/_3$ verwachfen.

Zweijährig. Blüht Juni Juli.
Befucher: vermutlich Käfer und Bienen.
Samen flach, klein: Windverbreitung.
Steinige, trockene Weiden und Halden der Alpen von Frankreich, Italien, der Südfchweiz und Tirol.

Campanula persicifolia. — Pfirfichblättrige Glockenblume. — Ganze Pflanze kahl, glänzend, mit dünnem, kriechendem Wurzelftock, 40—80 cm hoch. Blätter fchmal-lanzettlich, fpitz, fchwach gezähnt, gegen die Bafis in den Stiel verfchmälert. Der Stengel trägt eine lockere, 2—6blütige Ähre. Blüte 3—4 cm lang, blauviolett, unbehaart, weit geöffnet, mit 5 kurzen Zipfeln. Wie die meiften *Campanula*-Arten kommt auch diefe zuweilen weißblütig vor.

Mehrjährig. Blüht Juni Juli.
Befucher: Käfer, Bienen.
Samen klein, flach: Windverbreitung.
Lichte Bergwälder bis 1800 m.
In faft ganz Europa bis Sibirien.

Campanula persicifolia

Campanula cenisia. — *Tafel 87.* — Nur 2—6 cm hoch, fein behaart, mit kriechendem Wurzelſtock, der Roſetten kleiner, eiförmiger Blätter, und zuerſt niederliegende, dann aufſteigende, einblütige Stengel trägt. Blüten dunkelblau, aufrecht. Krone weit geöffnet, 12—15 mm lang, 5zipflig, nur am Grund verwachſen.

Mehrjährig. Blüht Juli Auguſt. Beſucher?
Samen klein, flach: Windverbreitung.
Weſtalpen (Frankreich, Italien, Wallis), Tirol.

Campanula pusilla. — **Kleine Glockenblume.** — Nur 5—15 cm hoch, mit zahlreichen Roſetten rundlicher, geſtielter Blätter. Stengel dünn, mit ſchmallanzettlichen, gezähnten Blättern. Blüten hellblau, hängend, in 1—4blütigen Trauben auf ſehr feinen Blütenſtielen. Krone röhrig-glockenförmig, 10 bis 15 mm lang, kurz 5zipflig.

Mehrjährig. Blüht Juni Juli.
Beſucher: Bienen, Hummeln.
Samen klein, flach: Windverbr.
Steinige Weiden, Felsblöcke, beſonders auf Kalk.

Campanula pusilla

Alpen, Jura, Pyrenäen, Karpathen.

Campanula Scheuchzeri. — **Scheuchzers Glockenblume.** — Der vorigen ähnlich, bildet jedoch keine Raſen. Alle Blätter länglich. Blüten nickend, 15—20 mm lang, weit glockenförmig, oft einzeln am Ende des Stengels.

Mehrjährig. Blüht Juli Auguſt.
Beſucher: Bienen, Hummeln.
Samen klein, flach: Windverbr.
Trockene Matten, felſiger Boden. 1600—3000 m.
Pyrenäen, Alpen, Jura, Transſilvanien, nordpolare Länder, Altai.

Campanula Scheuchzeri

Gesteinsschutt 2000-3300 Meter.

Campanula cenisia.   Glockenblume des Mont-Cenis.
Campanule du Mont-Cenis.   *Bell-flower of Mt. Cenis.*

Fette Matten 700-2000 Meter.

Campanula rhomboidalis.
*Campanule à feuilles
rhomboïdales.*

Rautenblättrige Glockenblume.
*Rhombic-leaved
Bell-flower.*

Campanula rhomboidalis. — *Tafel 88.* — Stengel
30—60 cm hoch, auf feiner ganzen Länge mit eiförmigen,
2—5 cm langen, am Grunde verbreiterten, ungeftielten
Blättern befetzt, die feicht gezähnt find. Blüten blau, in
2—10 blütigen, einfeitigen Trauben, aufrecht oder hängend.

Mehrjährig. Blüht Juni bis Auguft.
Befucher: Bienen.
Samen klein, flach: Windverbreitung.
Häufig auf Alpwiefen und fetten Weiden.
700—2000 m.
Alpen, Jura, Pyrenäen.

Campanula bononiensis. — **Bolognefer Glockenblume.**
Wurzel rübenförmig. Stengel kräftig,
30—60 cm hoch. Blätter geftielt,
herzförmig, unterfeits wollig weißhaarig. Blüten blau, fehr zahlreich,
in langer dichter Traube.

Mehrjährig. Blüht Juli Auguft.
Befucher: Käfer, Bienen.
Samen klein, flach: Windver-
breitung.
Bergwälder, fteigt in Deutfch-
land bis in die Ebene hinab.
Europa, Afien bis zum Altai.

Campanula excisa. — **Ausgefchnittene Glockenblume.** — Zarte Pflanze mit zuerft kriechenden, dann auffteigenden dünnen Stengeln. Blüten blau, bauchig; am
Grunde jedes der 5 Kronzipfel ein runder Ausfchnitt.

Mehrjährig. Blüht Juli Auguft.
Befucher: vermutlich Hummeln.
Samen klein, flach: Windverbreitung.
Gerölle, Gefteinsfchutt, Felsfpalten.
Ober-Wallis.

Bei allen **Phyteuma-**Arten fitzen die langröhrigen, aufgefchlitzten Blüten, wie bei den verwandten *Compositen*, in mehr oder weniger kugeligen Köpfchen. Kelch aber noch blattartig, nicht haarförmig wie bei den *Compositen.*

Phyteuma betonicifolium. — *Tafel 89.* — Stengel aufrecht, unterwärts mit lang-eiförmigen, fpitzen, fchwach gezähnten und plötzlich in den langen Stiel verfchmälerten Blättern. Blüten blauviolett, in zuerft kugeliger, fich während des Blühens ftreckender Ähre.

Mehrjährig· Blüht Juli Auguft.
Befucher: Bienen, Hummeln.
Samen klein: Windverbreitung.
Pyrenäen, Auvergne, Italien, Alpen bis Transfilvanien.

Phyteuma Charmelii. — **Charmelis Rapunzel.** —

Kleine unbehaarte Pflanze mit mehreren zarten Stengeln. Grundftändige Blätter herzförmig, gezähnt; ftengelftändige fchmallanzettlich. Blüten blauviolett, in kugeligen, 12—15 mm großen Köpfchen, die von langen fchmalen Blättchen umgeben werden.

Mehrjährig. Blüht Juli. Befucher?
Spalten der Kalk- und Dolomitfelfen.
Hügelregion bis 2000 m.
Weftalpen (Dauphiné, Provence, Italien), Cevennen, Pyrenäen.

Phyteuma Charmelii

Phyteuma Halleri. — **Hallers Rapunzel.** — Von den übrigen Phyteuma-Arten an ihren fchwarz-violetten, länglichen Köpfchen leicht zu unterfcheiden. Stengel aufrecht 50—100 cm hoch, bis oben beblättert. Grundftändige Blätter langgeftielt, herzförmig.

Mehrjährig. Blüht Juni Juli.
Befucher: Fliegen, Bienen, Falter.
Samen klein: Windverbreitung.
Wiefen, Rafenplätze. 1000—2600 m.
Pyrenäen, Transfilvanien, ganze Alpenkette.

Trockene, steinige Orte 1200-2300 Meter.

Phyteuma betonicifolium.
Raiponce à feuilles de bétoine.

Betonicablättrige Rapunzel.
Betony-leaved Rampion.

Magere Matten, steinige Halden 400-2700 Meter.

Phyteuma orbiculare.
Raiponce à fleurs globuleuses.

Kugelige Rapunzel.
Globular Rampion.

Phyteuma orbiculare. — *Tafel 90.* — Stengel aufrecht, gerade, fchwach beblättert. Blätter etwas lederartig, lang eiförmig, gezähnt; die grundſtändigen plötzlich in den Stiel verfchmälert, die ſtengelſtändigen ungeſtielt. Blütenköpfchen blauviolett, zuerſt kugelig, dann eiförmig, 15—55 mm groß, mit fchmal eiförmigen Hüllblättchen.

Mehrjährig. Blüht Juli Auguſt.
Befucher: Hummeln, vorwiegend Falter.
Samen klein: Windverbreitung; befonders auf Kalk.
Auf allen Bergen Mitteleuropas.

Phyteuma hemisphaericum. — **Halbkugelige Rapunzel.** — Höchſtens 10 cm hoch, mit dünnem, fchwach beblättertem Stengel. Blätter grasartig. Blüten blauviolett in kugeligem, 10—12 blütigem Köpfchen; Hüllblättchen klein, ſpitzeiförmig.

Phyteuma hemisphæricum

Mehrjährig. Blüht Juli Auguſt.
Befucher: Bienen, Falter.
Samen klein: Windverbreitung.
In niedrigem Rafen, humusreichen Matten.
1200—3000 m.
Alpen, Cevennen, Pyrenäen, Transſilvanien.

Phyteuma pauciflorum. — **Wenigblütige Rapunzel.** Von voriger leicht zu unterfcheiden an den eiförmigen, rofettig angeordneten grundſtändigen Blättern, und den nur 5—6 blütigen, höchſtens 1 cm großen Köpfchen, mit ſpitzeiförmigen Hüllblättchen an ihrem Grunde.

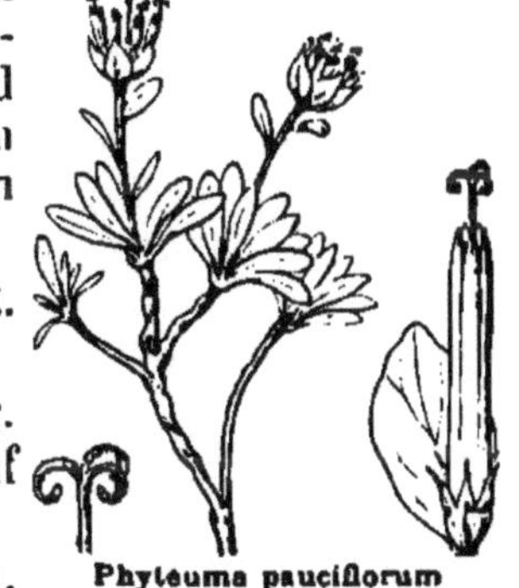
Phyteuma pauciflorum

Mehrjährig. Blüht Juli Auguſt.
Befucher: Hummeln.
Samen klein: Windverbreitung.
Rafenbänder, Gefteinsfchutt, auf Urgeftein. 1800—3300 m.
Alpen, Pyrenäen, Transſilvanien.

Rhododendron ferrugineum. — *Tafel 91.* — Stark verzweigter, bis 80 cm hoher Strauch, mit knorrigen, unterwärts oft unbeblätterten Äften. Blätter winterhart lederig, am Rande umgerollt, lanzettlich, oberfeits dunkelgrün, kahl, unterfeits roftbraun. Blüten zu 4—8 in Trauben. Krone 5zipflig, rofa, auf der Außenfeite mit roftbraunen Flecken.

Mehrjährig. Blüht Juli Auguft.

Befucher: Hummeln, Bienen.

Samen klein, flach: Windverbreitung.

In humusreichem Boden, auf Weiden, in Wäldern, Torfmooren, befonders auf Urgeftein (im Jura auf Kalk, vergl. I. Teil Seite 42).

Alpen, Jura, Pyrenäen.

Rhododendron hirsutum. — Rauhhaarige Alpenrofe.

Rhododendron hirsutum

Von voriger an den beidfeitig grünen Blättern zu unterfcheiden, die mit langen, fteifen Haaren befetzt find, fowie an dem behaarten Kelch.

Mehrjährig.

Blüht Mai bis Juli.

Befucher: Hummeln, Bienen.

Samen flach, klein: Windverbreitung.

Weniger weit verbreitet als vorige, befonders auf Kalk.

1400—2600 m.

Alpen der Schweiz, Italien, Öfterreich, Karpathen.

Mit den vorigen verwandt find folgende, in den Alpen ebenfalls weit verbreitete Sträucher:

Erica carnea, das fleifchrote Heidekraut, mit tannnadelartigen Blättern und lang-glockenförmigen Blüten, in dichter einfeitiger Traube. Blüht April, Mai.

Arctostaphylos uva ursi, die Bärentraube, breitet ihre niederliegenden Äfte teppichartig auf fteilen Abhängen aus. Blätter elliptifch, glänzend. Blüten weiß oder rofa, fchellenartig aufgetrieben, in kurzen Trauben. Im Sommer trägt fie fchon die roten, kugeligen Beeren.

Weiden, Bergwälder, Torfmoore 1205-270. Meter.

Rhododendron ferrugineum.
Rhododendron ferrugineux.

Rostblättrige Alpenrose.
Rust-leaved Rhododendron.

Wälder, trockene Torfmoore, Heiden bis 2500 Meter.

Vaccinium Vitis-Idaea.
Airelle rouge, Canche.

Preisselbeere.
Cow-berry.

Vaccinium Vitis Jdaea. — *Tafel 92.* — Strauch von 10—40 cm Höhe, mit eiförmigen, glänzenden, am Rande umgerollten, winterharten Blättern, die unterfeits punktiert find. Blüten rofa, glockenförmig, in hängenden Trauben. Kugelige, rote, fauer fchmeckende Beerenfrucht.

Mehrjährig. Blüht Mai bis Juli.
Befucher: Bienen, Hummeln.
Beeren durch Vögel verbreitet.
In humusreichem Heide- und Waldboden.
Weit verbreitete, nordifche Pflanze: Alpen, Jura, Vogefen, Schwarzwald etc.; Auvergne, Cevennen, in den Pyrenäen fehr felten; Karpathen, Kaukafus, nordpolare Länder, Ural, Altai, Himalaya.

Vaccinium uliginosum. — **Ranfchbeere.** — Bis 1 m hoher Strauch mit runden, verholzten Äften. Blätter eiförmig, flach, oberfeits matt, unterfeits bläulichgrün, mit ftark hervortretenden Nerven; im Herbft abfallend. Blüten weiß oder rötlich, glockenförmig, in kleinen hängenden Trauben. Beere kugelig, fchwarzblau, gefchmacklos.

Mehrjährig.
Blüht Mai Juni.
Befucher: Bienen, Hummeln.
Beeren durch Vögel verbreitet.
Sumpfige Wälder, Torfmoore,
. in feuchtem, humusreichem Boden.
Ebene bis 3000 m.
Alpen, Jura, Vogefen, Schwarzwald etc.; Auvergne, Cevennen, Pyrenäen; Karpathen, Kaukafus, nordpolare Länder, Ural, Altai.

Die Heidelbeere, Vaccinium Myrtillus, ift von der vorigen durch ihre krautigen, kantigen Äfte, die beiderfeits grünen Blätter und die wohlfchmeckenden Beeren leicht zu unterfcheiden.

Die **Pinguicula**-Arten oder **Fettkräuter** verdanken ihren Namen der fleifchigen Konfiftenz ihrer Stengel und Blätter. Letztere ftehen in ausgebreiteter, dem Boden angedrückter Rofelte. Sie find auffallend gelbgrün gefärbt, mit aufwärts gebogenen Rändern. Mit den auf ihrer Oberfeite ftehenden klebrigen Drüfenhaaren werden kleine Infekten gefangen und dann mit einer magenfaftartigen Flüffigkeit verdaut. *Pinguicula* ift alfo ein Vertreter der fogenannten fleifch-freffenden Pflanzen.

Aus der Mitte ihrer Blattrofelte erheben fich 1—2 höchftens 10 cm hohe Blütenfchäfte, mit je einer veilchen-artigen Blüte, deren Blumenblätter aber untereinander ver-wachfen find.

Pinguicula vulgaris. — *Tafel 93 A.* — Blüten violett, Sporn lang walzenförmig, fpitz.

Mehrjährig.   Blüht Mai Juni.

Befucher: Bienen.

Samen klein: Windverbreitung.

Feuchte Felfen, Quellen, torfige Matten.

Ebene bis 2600 m.

Europa, Afien, Amerika bis in den hohen Norden.

Pinguicula alpina. — *Tafel 93 B.* — Blüten weiß, mit zwei gelben Flecken auf dem unteren Kronzipfel (Lippe). Sporn kurz kegelförmig, gebogen, ftumpf.

Zweijährig.   Blüht April bis Juli.

Befucher: vorwiegend Fliegen.

Samen klein: Windverbreitung.

Feuchte Felfen, Quellen, auf naffem Moos.

Ebene bis 2400 m.

Alpen, Pyrenäen, Karpathen, nordpolare Länder, Ural, Altai, Himalaya.

Feuchte Felsen, Quellen, torfige Matten
Ebene bis 2400 Meter.   1000-2600 Meter.

A. — **Pinguicula vulgaris.**
Gewöhnliches Fettkraut.
Grassette commune.
Common Butterwort.

B. — **Pinguicula alpina.**
Alpen-Fettkraut.
Grassette des Alpes.
Alpine Butterwort.

Feuchte Felsen, bewaldete Hänge 1200-1900 Meter.

Cortusa Matthioli.
Cortuse de Matthiole.

Matthioli's Heilglöckchen.
Matthioli's Mountain Sanicle.

Die **Primeln** und ihre Verwandten gehören zum Ansprechendſten, was man in den Alpen an Pflanzen findet. Ihr niedriger Wuchs mit den ungeteilten, zu Roſetten vereinigten Blättern, aus deren Mitte ſich der Blütenſchaft mit einer bald reicheren, bald ärmeren Dolde von verhältnismäßig großen, 5zähligen, lieblich gefärbten Blumen erhebt, bietet ein in ſeiner Schlichtheit einzig ſchönes Bild. Dasſelbe tritt durch den Kontraſt mit dem Standort beſonders hervor, indem ſehr viele Formen die kahlen Felsritzen bewohnen, manche als ſogenannte Polſterpflanzen von moosähnlichem Wuchs.

Cortusa Matthioli. — *Tafel 94.* — Stark behaarte Pflanze mit Roſetten von langgeſtielten, rundlichen, unregelmäßig gelappten und gezähnten Blättern. Der 40—50 cm hohe Blütenſchaft überragt die Blätter und trägt 4—12 zu einer Dolde vereinigte, zuerſt roſa, dann violett gefärbte, wohlriechende Blüten auf zarten, ungleich langen Stielen. Blumenkrone glockenförmig, 5zipflig.

Mehrjährig. Blüht Mai Juni. Beſucher?
Samen ohne Verbreitungsmittel.
Feuchte Felſen, bewaldete Hänge, ſelten.
Alpen von Savoyen, Schweiz, Bayern, Öſterreich;
   Nordaſien, ſüdweſtlicher Himalaya.

Soldanella alpina. — *Tafel 95.* — Die zu einer grundständigen Rofette vereinigten Blätter find rundlich oder nierenförmig, ungezähnt, etwas lederig. Der zarte, violettrot gefärbte Blütenfchaft trägt 1—3 überhängende, glockenförmige, violette Blüten, deren Krone von der Mitte an ausgefranft ift. Aus dem Krontrichter ragt der Griffel wie ein Glockenfchwengel hervor.

> Mehrjährig. Blüht Mai bis Juli, gerade nach der Schneefchmelze (vergl. I. Teil Seite 7).
> Befucher: Hummeln, Falter.
> Samen ohne Verbreitungsmittel.
> Sehr verbreitet auf humusreichen Matten, und in Schneetälchen; fteigt zuweilen aus ihrem eigentlichen Gebiet (1500—3000 m), in den Lawinenzügen tiefer ins Tal.
> Alpen, Jura, Auvergne, Pyrenäen, Karpathen.

Soldanella pusilla. — Kleines Alpenglöckchen. — Ift in allen Teilen kleiner als voriges. Blüten meift einzeln, Krone rötlich-violett, faft zylindrifch, nur im äußeren Drittel gefranft. Der Griffel ragt nicht aus der Krone hervor.

> Mehrjährig. Blüht Mai bis Juli.
> Befuchèr: Hummeln, Fliegen.
> Samen ohne Verbreitungsmittel.
> Humusreiche Matten, Schneetälchen, 1600—3000 m.
> Alpen, Karpathen.

Matten 1500-3000 Meter.

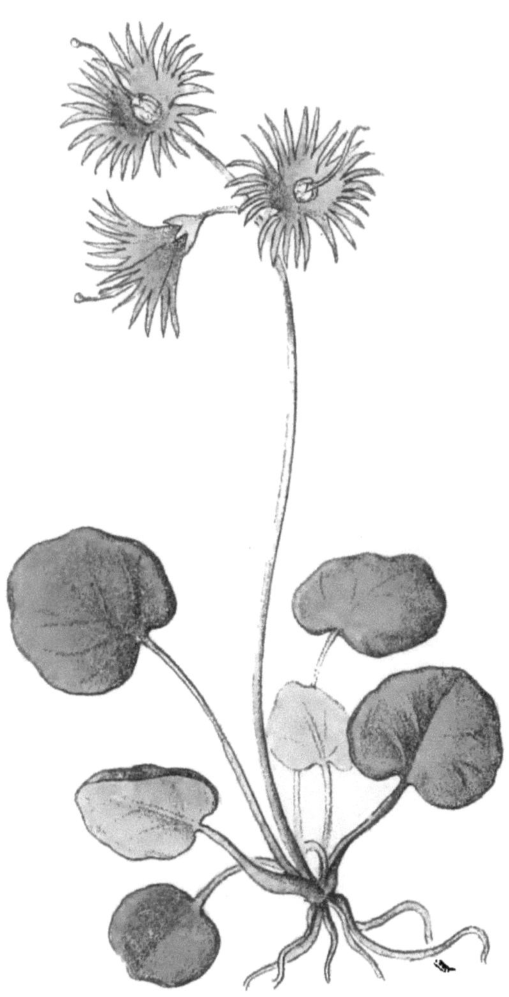

Soldanella alpina.
Soldanelle des Alpes.

Alpenglöckchen.
Alpine Soldanella.

Schattige, steinige Gebüsche bis 700 Meter.

Cyclamen europæum.
Cyclamen d'Europe.

Europaeische Erdscheibe.
European Sow-bread.

Cyclamen europaeum. — *Tafel 96.* — Abgefehen von der merkwürdigen Blüte mit den gegen den Stiel zurückgefchlagenen Blumenkronzipfeln und dem knollig verdickten Stengel ift auch Cyclamen eine typifche Primulacee. Aus der meift etwas abgeplatteten Knolle entfpringt eine Rofette geftielter, rundlicher, unterfeits roter Blätter, deren Bafis fo tief herzförmig ausgefchnitten ift, daß fich die beiden Lappen berühren. Jeder Blütenftiel trägt nur eine Blüte, die rofa gefärbt und wie diejenige der *Soldanellen* abwärts geneigt ift.

Mehrjährig. Blüht Auguft bis Oktober.

Befucher: vermutlich Bienen, Hummeln.

Der nach der Blütezeit fich fchraubenförmig einrollende Blütenftiel fällt mit der Frucht ab, und dient an derfelben als häkelndes Organ: Tierverbreitung.

Gebüfche, auf fteinigem Kalkboden.

Durch ihre Bevorzugung warmer Standorte (in der Schweiz als ftete Begleiterin der *Edelkaftanie*) verrät diefe Pflanze ihre füdliche Heimat. Den größten Artenreichtum entfaltet C y c l a m e n in den Mittelmeerländern und in Weftafien, woher auch unfere kultivierten Arten ftammen.

Alpen, bis Böhmen.

Androsace imbricata. — **Dichtbeblätterter Manns-fchild.** — Niedrige Polfterpflanze mit kleinen, dachziegelartig fich deckenden, graufilzigen Blättern, die nach dem Abfterben an den Stengeln ftehen bleiben. Blüten weiß, am Schlunde rot.

Mehrjährig.

Blüht Juni Juli.

Befucher: vermutlich Fliegen.

Samen ohne Verbr.-Mittel.

Felsfpalten, befonders auf Kämmen; Urgeftein.

Hochalp bis 3000 m.

Alpen, Pyrenäen.

Androsace imbricata.

Primula graveolens. — *Tafel 97.* — Schwach behaart,
mit dickem Wurzelſtock. Blätter 5—10 cm lang, länglich
oval, drüſenhaarig, außer der keilförmigen Baſis ſeicht gezähnt. Blüten rotviolett, auf 10—15 cm hohem Schaft.

Mehrjährig. Blüht Juni Juli.
Beſucher: vermutlich Falter.
Samen ohne Verbreitungsmittel.
Alpen der Schweiz (Wallis, Engadin), Savoyen,
Dauphiné, Italien, Pyrenäen.

Primula pedemontana. — **Piemonteſer-Primel.** —

Primula pedemontana

Etwa 10 cm hoch. Die 4—6 cm langen,
hellgrünen, länglich ovalen Blätter mit
gewöhnlichen Haaren. Am ſchwach
gekerbten Blattrand rote Drüſen. Der
Schaft, der bedeutend höher iſt als die
Blätter, trägt 1—12 rotviolette Blüten
mit langer Kronröhre.

Mehrjährig. Blüht Juni Juli.
Beſucher, Samen wie bei voriger.
Weiden, ſchattige Felſen.
1500—2400 m.
Savoyen, Schweiz (Wallis, Grau-
bünden), Piemont.

Primula Auricula. — **Aurikel, Fluhblume.** — Ganze

Primula Auricula

Pflanze infolge von Wachsausſcheidung
wie mit Mehl beſtäubt (vergl. I. Teil
Seite 37). Blätter groß, eiförmig, dick
fleiſchig, ſchwach gezähnt. Der Blütenſchaft kaum höher als die Blätter, mit
4—12 gelben, wohlriechenden Blüten.

Mehrjährig. Blüht April bis Juli.
Beſucher: Falter.
Samen ohne Verbreitungsmittel.
Felsſpalten. 1000—2600 m.
Alpen, Jura, Schwarzwald, Kar-
pathen, Pyrenäen.

Felsen 1400-2700 Meter.

Primula graveolens (latifolia).
Primevère puante.

Stinkende Primel.
Stinking Prime-rose.

Felsen, felsige Weiden
1500-3600 Meter.

Torfmoore, sumpfige Matten
bis 2700 Meter.

A. — Primula viscosa (hirsuta).
Klebrige Primel.
Primevère visqueuse.
Sticky Bear's ears.

B. — Primula farinosa.
Mehlige Primel.
Primevère farineuse.
Bird's eye.

Primula viscosa. — *Tafel 98 A.* — Der *Primula graveolens* ähnlich, aber kleiner. Blätter beiderfeits klebrig,
dunkelgrün. Blütenfchaft kaum höher als die Blätter. Blüten
wenig zahlreich, violettrofa, in der Mitte weiß.

Mehrjährig. Blüht Juni Juli.
Befucher: vermutlich Tagfalter.
Samen ohne Verbreitungsmittel.
Felfen, Rafenbänder, auf Urgeftein. 1500—3600 m.
Alpen, Pyrenäen.

Primula farinosa. — *Tafel 98 B.* — Ganze Pflanze
von Wachs weiß-mehlig beftäubt. Blätter in grundftändiger
Rofette, langoval mit nach unten eingerollten Rändern, befonders unterfeits ftark beftäubt. Dolde mit zahlreichen,
1 cm großen Blüten mit kurzer enger Röhre. Krone fleifch-
rot, in der Mitte gelb.

Mehrjährig. Blüht Mai bis Juli.
Befucher: Falter, in Norddeutfchland Hummeln
    (vergl. I. Teil Seite 27).
Samen ohne Verbreitungsmittel.
Torfmoore, fumpfige Wiefen, bis 2700 m.
Alpen, Pyrenäen, Karpathen, Kaukafus, Norddeutfch-
    land, nordpolare Länder, Ural, Altai, Himalaya.

Primula longiflora. — **Langblütige Primel.** — Der
vorigen ähnlich, aber in allen Teilen
ftärker. Dolden wenigblütig. Krone
rofa, mit 2,5—3 cm langer Röhre.

Mehrjährig. Blüht Juli.
Befucher: Taubenfchwanz und
    Wolfsmilchfchwärmer; die
    Rüffel aller anderen In-
    fekten zu kurz!
Samen ohne Verbreitungs-
    mittel.
Matten der füdlichen Ketten.
    1800—2300 m.
Alpen, Karpathen.

Primula longiflora

Androsace helvetica. — *Tafel 99 A.* — Dichte Polſter
bildende, 3 — 4 cm hohe, weißgrüne Pflanze. Die zahlreichen
Zweige von 4 mm langen Blättchen dicht bedeckt; dieſe um-
hüllen nach ihrem Abſterben die Stengel wie mit einem Filz.
Blüten weiß, in der Mitte gelb, einzeln am Ende der Zweige,
faſt ungeſtielt, dem Polſter anliegend.

Mehrjährig. Blüht Juli Auguſt.
Beſucher: vermutlich Fliegen.
Samen ohne Verbreitungsmittel.
Beſonders auf Gräten des Kalkgebirgs. Alpen.

Androsace pubescens. — *Tafel 99 B.* — Lockere, graugrüne Polſter bildende Pflanze mit ſchmalovalen, weiß behaarten Blättern, die nach ihrem Abſterben am Stengel ſtehen
bleiben. Blüten weiß, in der Mitte gelb, einzeln am Ende
der Zweige, deutlich geſtielt.

Mehrjährig. Blüht Juni Juli.
Beſucher und Samen wie bei der vorigen Art.
Beſonders auf Urgeſtein.
Weſt- und Zentralalpen, Pyrenäen.

Androsace villosa. — **Zottiger Mannsſchild.** — Ganze
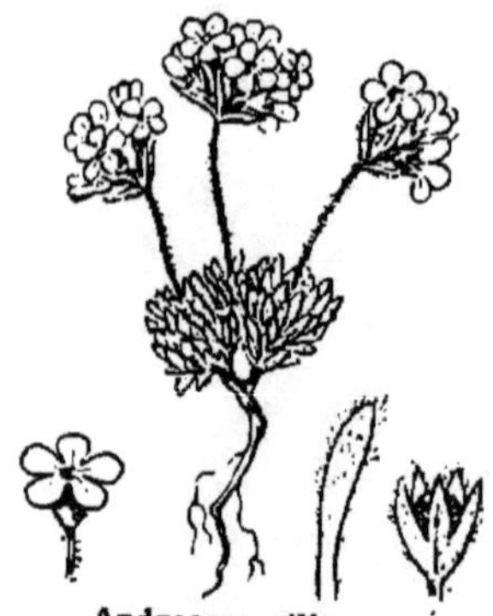
Pflanze zottig behaart, 3—6 cm hoch,
weniger gedrungen als vorige Arten.
Stengel unterwärts nicht von den alten
Blättern bedeckt. Blattroſetten kugelig,
mit ſchmalen Blättern, von den Blütenſchäften überragt. Blüten weiß oder
roſa, in der Mitte gelb, in dichter
3—6blütiger Dolde.

Mehrjährig. Blüht Juli Auguſt.
Beſucher: vermutlich Fliegen, Falter.
Samen ohne Verbreitungsmittel.
Spalten ſonniger Felſen und Blöcke.
1600—2300 m.

Androsace villosa

Franzöſiſche, italieniſche und öſterreichiſche Alpen,
Jura, Pyrenäen.

Felsspalten 2100-3000 Meter.

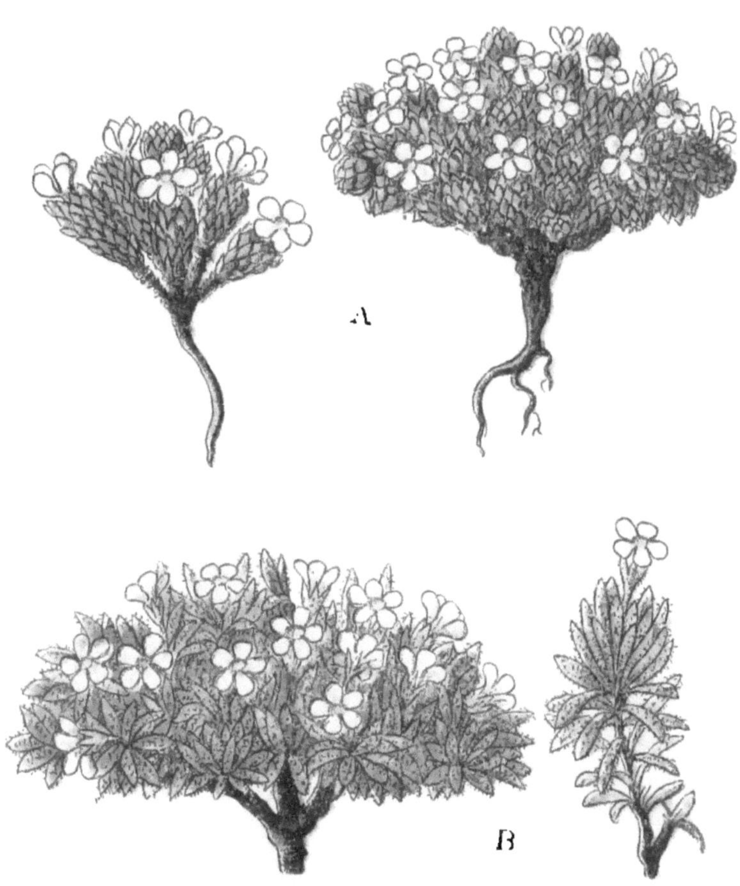

A. **Androsace helvetica.**	B. — **Androsace pubescens.**
Schweizer-Mannsschild.	Weichhaariger Mannsschild.
Androsace de Suisse.	*Androsace pubescente.*
Swiss Androsace.	*Furrowed Man's-shield.*

A. — **Androsace lactea.**
Milchweisser Mannsschild.
Androsace blanc de lait.
Milk-white Androsace.

B. — **Androsace carnea.**
Fleischroter Mannsschild.
Androsace couleur de chair.
Flesh-coloured Man's shield.

Androsace lactea. — *Tafel 100 A.* — Rofetten zu lockeren Rafen vereinigt. Blätter 1–2 cm lang, fchmal, mit feiner Spitze, fchwach behaart. Blütenfchäfte 5—10 cm hoch, zart, aufrecht, kahl, mit 1—5 Blüten auf dünnen Stielen. Blumenkrone milchweiß, in der Mitte gelb; ihre Zipfel ausgerandet.

Mehrjährig.   Blüht Juli Auguft.
Befucher: vermutlich Fliegen und Falter.
Samen ohne Verbreitungsmittel.   Auf Kalk.
1600—2400 m, im Jura fchon bei 1100 m.
Alpen, Jura.

Androsace carnea. — *Tafel 100 B.* — Rofetten zu niederen Rafen vereinigt. Blätter fchmal, fpitz, kurzhaarig, etwas zurückgebogen. Blütenfchaft mit 2–10 rofafarbenen, feltener weißen, in der Mitte gelben Blüten. Kronzipfel nicht ausgerandet.

Mehrjährig.   Blüht Juli Auguft.
Befucher: vermutlich Fliegen und Falter.
Samen ohne Verbreitungsmittel.   Auf Urgeftein.
Alpen, Vogefen, Auvergne, Pyrenäen.

Androsace Chamaejasme. — Zwergjasmin - Mannsfchild. — Der *Androsace villosa* (Seite 99) ähnlich, aber Blattrofetten geöffnet und Blätter nur am Rande behaart. Blüten weiß oder rötlich, in der Mitte gelb.

Mehrjährig.
Blüht Juni Auguft.
Befucher: Fliegen, feltener Falter.
Samen ohne Verbreitungsmittel.

In kurzem Rafen, auf humusreichen Felfen, fteinigen Weiden, befonders auf Kalk.
Alpen, Karpathen, Kaukafus, nordpolare Länder, Ural, Altai, Himalaya.

Androsace chamaejasme

Gregoria (Aretia) Vitaliana. — *Tafel 101.* — Den *Androsace*-Arten ähnlich, leitet zur Gattung *Primula* über.

Ihre Blattrofetten bilden oft größere Rafen. Blätter fchmal, zugefpitzt. Blüten gelb, 1 cm lang, wie bei *Primula* mit langer Röhre, 5zipflig.

Mehrjährig. Blüht Juli Auguft.
Befucher: vermutlich Falter.
Samen ohne Verbreitungsmittel.
Felfen, Gefteinsfchutt, Bergkämme, 1400—3000 m.
Weft- und Oftalpen, Pyrenäen.

Androsace septentrionalis. — **Nordifcher Mannsfchild.** — Blätter in grundftändiger Rofette, gezähnt, fchwach behaart. Blütenfchäfte hoch, mit 5—30 weißen oder rofaroten Blüten.

Einjährig.
Blüht Mai Juni.
Befucher: vermutlich Fliegen.
Samen ohne Verbreitungsmittel.
Felder, Rafenplätze.
In Mitteldeutfchland und in der ganzen Alpenkette zerftreut.

Androsace septentrionalis

Felsen, steinige Matten 1400-3000 Meter.

Gregoria (Aretia) Vitaliana. Gemsenblümchen.
Fausse Joubarbe. *Gregoria, Aretia.*

Felsspalten, Felsblöcke 2300-3600 Meter.

Eritrichium nanum.
Myosotis nain.

Himmelsherold.
Dwarf Forget-me-not.

Die **Boraginaceen** find durch ihre verwachfene, regelmäßig 5zipflige Blumenkrone und die vier nußartigen Früchtchen ausgezeichnet. Mit Ausnahme von *Cerinthe* (Tafel 103) find alle Boraginaceen fteif behaart.

Eritrichium nanum. — *Tafel 102.* — Stengel kurz, ftark verzweigt und dicht beblättert, polfterbildend. Blätter in Rofetten, fchmal oval, weiß behaart. Die alten Blätter bleiben am Stengel ftehen. Blühende Äfte aufrecht, 2—8 cm hoch, beblättert, mit 3—6 leuchtend blauen, in der Mitte gelben Blüten.

> Mehrjährig. Blüht Juli Auguft.
> Befucher: vermutlich Schmetterlinge.
> Früchtchen geflügelt: Windverbreitung.
> Felsfpalten, Blöcke, Felsgräte, nicht auf Kalk.
> 2300—3600 m.
> Ganze Alpenkette, Kaukafus, nordpolare Länder,
> Altai; fehlt den Pyrenäen, dafelbft durch die ähnliche *Myosotis pyrenaica* vertreten.

Myosotis alpestris. — **Alpen-Vergißmeinnicht.** —
Pflanze 5—15 cm hoch, mit lanzettlichen, ftark behaarten Blättern. Blütentragende Stengel zahlreich, beblättert, am Ende mit zwei einfeitig eingerollten Blütenftänden. Blüten himmelblau, feltener weiß, in der Mitte gelb.

Myosotis alpestris

> Mehrjährig; als Zierpflanze in
>   mehreren Raffen kultiviert.
> Blüht Juni Juli.
> Befucher: vorwiegend Falter.
> Früchtchen ohne Verbreitungs-
>   mittel.
> Steinige Weiden, Gerölle.
> 1600—3000 m.
> Alpen, Jura, Vogefen, Auvergne, Pyrenäen, Karpathen,
>   Kaukafus, nordpolare Länder, Ural, Altai, Himalaya.

Cerinthe minor. — *Tafel 103.* — Kahl, mit zahlreichen oberfeits verzweigten, ftark beblätterten, 20–50 cm hohen Stengeln. Blätter bläulichgrün, mit wachsartigem Glanz, umfaffen mit ihrer Bafis den Stengel. Blüten gelb und rot oder bläulich, eng glockenförmig, mit 5 langen, fchmalen Zähnen, zahlreich in dichten, anfangs eingerollten Ständen, die bis zur Spitze große Hochblätter tragen.

Ein-, zwei- oder mehrjährig.
Blüht Mai bis Juli.
Befucher: vermutlich Hummeln.
Früchte ohne Verbreitungsmittel.
Weiden, Bergwälder, befonders auf Kalk; bis 2000 m.
Mitteleuropa, Alpen von Frankreich, Italien, Bayern,
    Öfterreich; fehlt in der Schweiz.

Cerinthe alpina. — **Alpen-Wachsblume.** — Der vorigen ähnlich, aber Blüten länger (bis 14 mm) mit 5 kurzen Zähnen, ftrohgelb mit 5 purpurroten Flecken.

Mehrjährig.
Blüht Juni bis Auguft.
Befucher: vermutlich Hummeln.
Früchtchen ohne Verbreitungsmittel.
Steinige Halden, befonders auf Kalk, 1200—2300 m, fteigt oft mit den Bächen ins Tal.
Ganze Alpenkette, auch in der Schweiz; Pyrenäen.

Cerinthe alpina

Die mit den *Boraginaceen* nahe verwandte Familie der **Solanaceen,** zu welcher die *Kartoffelftaude* und manche Giftpflanzen wie das *Bilfenkraut,* die *Tollkirfche* und die *Tabakpflanze* gehören, ift in der Alpenregion nicht vertreten.

Weiden, Bergwälder bis 2000 Meter.

Cerinthe minor.
Mélinet à petites fleurs.

Kleine Wachsblume.
Lesser Cerinthe.

Matten, kühle Weiden 1200-2700 Meter.

Gentiana Kochiana.
Grande Gentiane bleue.

Kochs Enzian.
Koch's Gentian.

Die **Gentianaceen** bilden mit ihren meiſt tief blau gefärbten, oft großen Blüten einen prächtigen Schmuck der Alpen. Mit Ausnahme von *Menyanthes* (Seite 110) haben ſie gegenſtändige Blätter.

Gentiana Kochiana (excisa, latifolia). — *Tafel 104.* —
Kahl, mit grundſtändiger Roſette mattgrüner, weicher, eiförmiger Blätter. Stengel kurz, einblütig, mit zwei Blattpaaren. Blüte aufrecht, 4—6 cm lang; zwiſchen den 5 ſpitzen Zipfeln je ein abgerundeter Lappen. Krone oben dunkelblau, Kronröhre blaſſer, mit olivgrünen Flecken.

Mehrjährig. Blüht Mai bis Auguſt.
Beſucher: Hummeln, Falter.
Samen ohne Verbreitungsmittel, aus der langgeſtielten
    Kapſel ausgeſtreut.
Alpen, Jura, Pyrenäen, Karpathen.

Gentiana Clusii (vulgaris). — Enzian des Clusius. —
Dem vorigen ähnlich, jedoch Blätter lederartig, eiförmig zugeſpitzt, und Krone im Innern ſchwächer gefleckt.

Hat dieſelben biologiſchen Eigenſchaften wie voriger; beide ſchließen ſich in einem Gebiete gegenſeitig aus.

Gentiana Clusii

Gentiana alpina. — Alpen-Enzian.
— Den vorigen ähnlich, aber mit kurzen, breiten und ſtumpfen, gelbgrünen Blättern. Stengel ſehr kurz, mit nur einem Blattpaare. Blumenkrone innen mit grünen Flecken.

Südliche Ketten der Weſt- und Zentralalpen, fehlt den Cevennen.

Gentiana alpina

Gentiana bavarica. — *Tafel 105 A.* — Bildet mit ihren kriechenden Stengeln kleine Rafen. Blätter klein, elliptifch oder rundlich. Blütentragende Stengel aufrecht, 5—15 cm hoch, einblütig. Krone tiefblau, mit etwa 3 cm langer Röhre und 5 tellerförmig ausgebreiteten Zipfeln. Schlund durch weiße Lappen faft völlig gefchloffen.

Mehrjährig. Blüht Juli Auguft.
Befucher: Schmetterlinge, befonders der Tauben-
    fchwanz.
Samen ohne Verbreitungsmittel.
Nur in der Alpenkette.

Gentiana nivalis. — *Tafel 105 B.* — Stengel zart, aufrecht, 3—15 cm hoch, zuweilen verzweigt, dicht beblättert, mit grundftändiger Rofette. Jeder Zweig trägt eine ultramarinblaue, in der Mitte weiße Blüte, mit langen, fchmalen Kelchzipfeln, und langer Kronröhre mit fpitzen Zipfeln.

Einjährig. Blüht Juli Auguft.
Befucher: vermutlich Schmetterlinge.
Samen klein: Windverbreitung.
Pyrenäen, Alpen, Jura, Karpathen, nordpolare Länder.

Gentiana verna. — *Tafel 105 C.* — Grundftändige Rofette von breit lanzettlichen Blättern. Stengel unverzweigt, beblättert, 3-12 cm hoch, einblütig. Blüte 3—4 cm lang, mit fpitzen, ausgebreiteten Zipfeln. Krone dunkelblau, in der Mitte weiß.

Mehrjährig. Blüht April bis Auguft.
Befucher: Falter, befonders der Taubenfchwanz.
Samen ohne Verbreitungsmittel.
Alpen, Jura, Auvergne, Pyrenäen, Karpathen, Kau-
    kafus, Altai.

Weiden und Matten

1800-3600 Meter. 1800-2900 Meter. Ebene bis 3300 Meter.

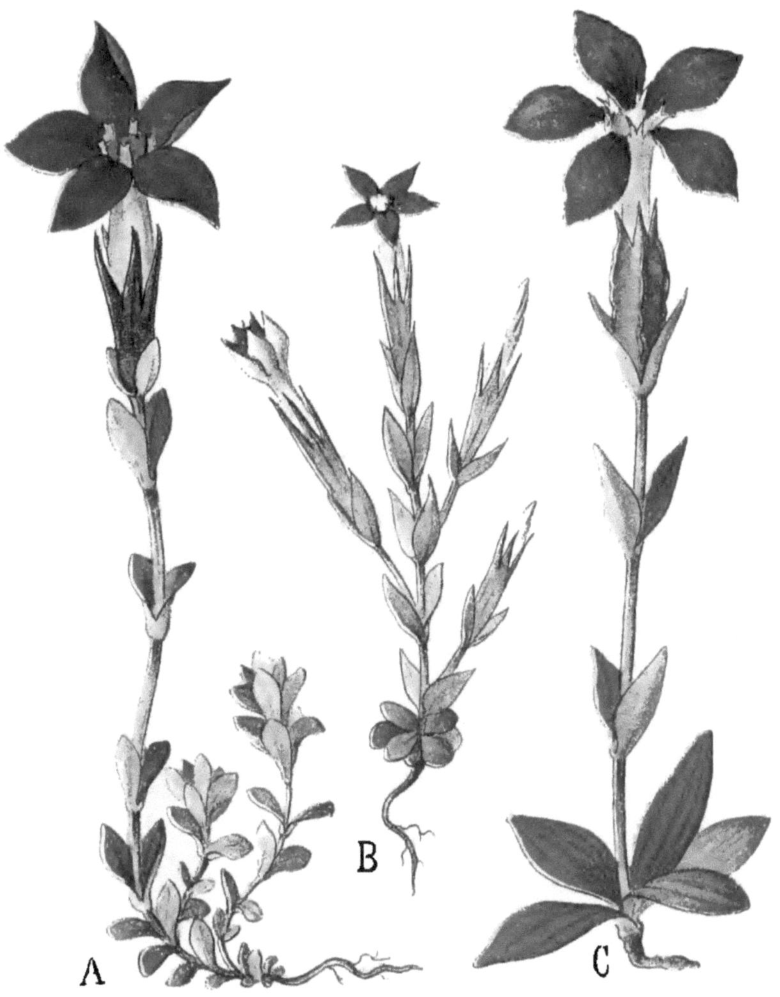

Gentiana bavarica. Gentiana nivalis. Gentiana verna.
Bayrischer Enzian. Schnee-Enzian. Frühlings-Enzian.
Gentiane de Bavière. Gentiane des neiges. Gentiane printanière.
Bavarian Gentian. Snow-Bitterwort. Spring-Felwort.

Wiesen, Weiden, Bachufer 1000-2400 Meter.

Gentiana lutea.
Gentiane jaune.

Gelber Enzian.
Yellow Bitterwort.

Gentiana lutea. — *Tafel 106.* — Starke, über 1 m hohe, kahle Pflanze mit dicker, fleifchiger, gelber Wurzel. Grundftändige Blätter 10—25 cm lang, breit elliptifch, kurz befpitzt, mit 5—7 vorfpringenden Nerven. Stengel hohl, mit gegenftändigen Blättern, in deren Achfeln Büfchel gelber Blüten ftehen. Blumenkrone mit 5—9 kaum verwachfenen, fpitzen, ausgebreiteten Zipfeln.

Mehrjährig; liefert mit andern großen Enzianen einen in den Wurzeln enthaltenen Bitterftoff, der zur Bereitung von Likören verwendet wird.
Blüht Juli Auguft.
Befucher: Käfer, Fliegen, Hummeln, Falter.
Samen geflügelt: Windverbreitung.
Feuchte Matten und Weiden.
1000—2400 m, oft auch tiefer.
Alpen, Berge von Mittel- und Weftenropa.

Gentiana Burseri. — **Bursers Enzian.** — Kräftige, 30—60 cm hohe Pflanze mit dicker Wurzel und elliptifchen 5—7nervigen Blättern. Blüten wie bei vorigem gelb, aber glockenförmig, mit längsgefältelter Krone und 6 fpitzeiförmigen Zipfeln; im Innern oft braun punktiert. Blütenftände nur in den Achfeln der alleroberften Blätter.

Mehrjährig. Blüht Auguft.
Befucher?
Weiden, lichte Wälder.
2000—2300 m.
Alpen des Dauphiné, Pyrenäen.

Gentiana Burseri

Gentiana campestris. — *Tafel 107.* — Stengel fteif, aufrecht, 5—20 cm hoch, mit fparrigen Äften. Blätter dunkelgrün, fpitz-eiförmig. Jeder Zweig trägt eine 3 cm lange, aufrechte, 4zählige, violette Blüte. Kronzipfel tellerförmig ausgebreitet, am Grunde mit aufrechten Borften.

Einjährig. Blüht Mai bis Oktober.
Befucher: Hummeln und Schmetterlinge.
Samen ohne Verbreitungsmittel.
Alpen, Cevennen, Pyrenäen; in Mitteleuropa zerftreut, polares Europa, Ural.

Gentiana germanica. — **Deutfcher Enzian.** — Dem vorigen ähnlich, aber bis 35 cm hoch, dicht beblättert. Blüten zahlreich in dichten Ständen, 5zählig.

Einjährig. Blüht Auguft bis Oktober; in den Alpen früher als in der Ebene.
Befucher: Bienen, Hummeln.
Samen ohne Verbreitungsmittel.
Weiden der Ebene, bis 2800 m, befonders auf Kalk.
In ganz Mitteleuropa.

Gentiana asclepiadea. — **Schwalbenwurzblättriger Enzian.** — Stengel 20—100 cm hoch, fteif, nicht verzweigt, ftark beblättert. Blätter groß, eiförmig zugefpitzt, 5nervig. Blüten 4 cm groß, blau, ungeftielt, einzeln oder zu zweien in den Achfeln der oberen Blätter. Kronröhre eng-glockenförmig, nicht bebärtet. 5 Kelch- und Kronzipfel.

Mehrjährig.
Blüht Auguft bis Oktober.
Befucher: Hummeln.
Samen geflügelt: Windverbreitung.
Feuchte Weiden (dafelbft Blätter

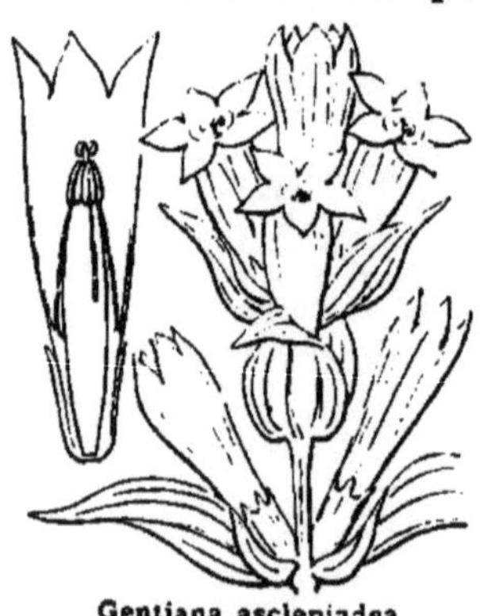
Gentiana asclepiadea

kreuzweis gegenftändig, 4 Zeilen bildend), lichte Wälder (dafelbft die Blätter nur 2zeilig).
Alpen, Jura, Vogefen, Karpathen.

Gentiana campestris.
Gentiane champêtre.

Feld-Enzian.
Field-Gentian.

Weiden 1500-2800 Meter.

Gentiana punctata.
Gentiane ponctuée.

Punktierter Enzian.
Dotted Gentian.

Gentiana punctata. — *Tafel 108.* — Pflanze 20—60 cm hoch, mit dicker Wurzel und kräftigem, aufrechtem, unverzweigtem Stengel. Blätter groß, fpitz-eiförmig, die untern geftielt. Die Blüten ftehen aufrecht, dicht beifammen in den Winkeln der oberen Blattpaare. Kelch kurz glockenförmig, mit 5—8 ungleichen Zähnen. Krone glockenförmig, gelb oder grüngelb, braun punktiert, mit 6 eiförmigen Zipfeln.

Mehrjährig. Blüht Juli Auguft.
Befucher: Hummeln.
Samen geflügelt: Windverbreitung.
Weiden. 1500—2800 m.
Alpen, Karpathen, bis Macedonien.

Gentiana purpurea. — **Purpurroter Enzian.** — Dem
vorigen ähnlich, aber Blüten weniger
zahlreich, in den Achfeln des oberften
Blattpaares Kelch häutig, auf einer
Seite bis zum Grunde gefpalten.
Blumenkrone außen dunkel purpurrot, innen gelb, feltener auch außen
gelb, mit 6 eiförmigen Zipfeln.

Mehrjährig. Blüht Juli Auguft.
Befucher: Fliegen, wahr-
    fcheinlich auch Hummeln.
Samen geflügelt: Windver-
    breitung.
Weiden, zwifchen Fels-
    blöcken. 1500—2700 m.
Alpen, polares Afien.

Gentiana purpurea

Man findet in den Alpen öfters Formen, die in ihrem Bau zwifchen *Gentiana lutea* und *punctata* oder *purpurea* die Mitte halten. Diefelben find durch Kreuzung zwei verfchiedener Mutterarten entftanden: Baftarde.

Gentiana ciliata. — *Tafel 109.* — Stengel 8—25 cm
hoch, kantig, zuweilen verzweigt, bis oben beblättert. Blätter
lanzettlich, zugeſpitzt, einnervig. Blüten blau, einzeln, vierzählig, etwa 4 cm lang, an den Enden der Zweige. Kronblätter bis zur Mitte verwachſen, mit 4 am Rande ge-
franſten Zipfeln.

Mehrjährig. Blüht Auguſt bis Oktober.
Beſucher: Bienen, Hummeln.
Heiden, trockene Matten der Berge und Hügel, be-
  ſonders auf Kalk; bis zur Waldgrenze.
Alpen, Jura, Vogeſen und Mitteldeutſchland; Pyrenäen.

Gentiana tenella. — **Zarter Enzian.** — Nur 4—8 cm

Gentiana tenella

hoch, am Grunde verzweigt. Äſte
lang, nur unterwärts beblättert, einblütig. Blüten klein (8—12 mm),
blauviolett, 4 oder 5 zählig, auf langen
dünnen Stielen. Krone am Schlundeingang bärtig (ähnlich wie bei
Gentiana campestris Tafel 107).

Einjährig.
Blüht Juli bis September.
Beſucher: vermutlich Hummeln
  und Falter; bleiben dieſelben
  aus, ſo erfolgt Selbſtbeſtäubung.
Samen ſehr klein: Windverbreitung.
Feuchte Matten, Schneetälchen.
1900—2600 m.
Pyrenäen, Alpen, Karpathen, nordpolare Länder,
  Altai.

Heiden, trockene Rasenplätze bis zur Baumgrenze.

Gentiana ciliata.
Gentiane frangée.

Gefranster Enzian.
Fringed Gentian.

Torfige Wiesen bis 2300 Meter.

Swertia perennis.
Swertie vivace.

Blauer Tarant.
Perennial Swertia.

Swertia perennis. — *Tafel 110.* — Stengel aufrecht, ſteif, unverzweigt und ſchwach beblättert, 20—60 cm hoch. Blätter länglich-eiförmig, gegenſtändig, die unteren lang geſtielt. Blüten ſchmutzig-violett, am Ende des Stengels in aufrechter Traube. Die 5 ſchmalen, ſpitzen Kelch- und Kronblätter nur am Grunde verwachſen. Kronzipfel ſternförmig ausgebreitet, tragen am Grunde je 2 Zuckerdrüſen (Nectarien).

Mehrjährig. Blüht Juli Auguſt.
Befucher: Fliegen, Käfer.
Samen geflügelt: Windverbreitung.
Torfige Matten, faftige Wiefen der Berge bis 2300 m,
    im Norden auch in der Ebene.
Gebirge von Mitteleuropa, Alpen, Jura, Auvergne,
    Pyrenäen; Kaukafus, Sibirien bis Japan, Rocky
    Mountains.

Menyanthes trifoliata. — **Dreiblättriger Fieberklee.** — Stengel dick, fleifchig, kriechend, trägt an feinem Ende die kleeartig dreiteiligen, langgeftielten, kahlen Blätter. Blüten rötlich-weiß, in aufrechter Traube auf geradem, unbeblättertem, 20—40 cm hohem Schaft. Kelch und Krone 5-zipflig; letztere trichterförmig, im Innern bärtig.

Mehrjährig.
Blüht April bis Juni.
Befucher: Käfer, Fliegen, Hummeln.
Samen ohne befondere Verbreitungsmittel.

92 Menyanthes trifoliata

Torfige Matten, Sümpfe. Ebene bis 2000 m.
In ganz Europa, Zentralafien bis Japan, nördliches
    Nord-Amerika, längs der Anden bis Kalifornien.

Die Familie der **Scrophulariaceen** bildet mit ihren
fchönen, oft zu dichten Ständen vereinigten Blüten einen her-
vorragenden Schmuck der Alpen. In ihren Blüten läßt fich
ein allmählicher Übergang von gleichmäßig fternförmigen zu
deutlich zweilippigen Geftalten verfolgen; alle befitzen jedoch
als Frucht eine zweifächerige Kapfel.

Bartsia alpina. — *Tafel 111.* — Stengel aufrecht, unverzweigt, mit mehreren Paaren eiförmiger, runzliger, unge-
ftielter und grobgezähnter Blätter. Blüten dunkelviolett,
2 cm lang, zweilippig in endftändigem, beblättertem Stande,
deffen Blätter meift auch violett oder kupferrot gefärbt find.

Mehrjährig. Blüht Juni Juli.
Befucher: Hummeln.
Samen geflügelt: Windverbreitung.
Torfige Matten, in kurzem Rafen.
1200—2700 m; fteigt zuweilen tiefer hinab.
Alpen, Jura, Vogefen, Pyrenäen, Karpathen, nord-
    polare Länder, Altai.

Rhinantus minor. — **Kleinblütiger Klappertopf.** —

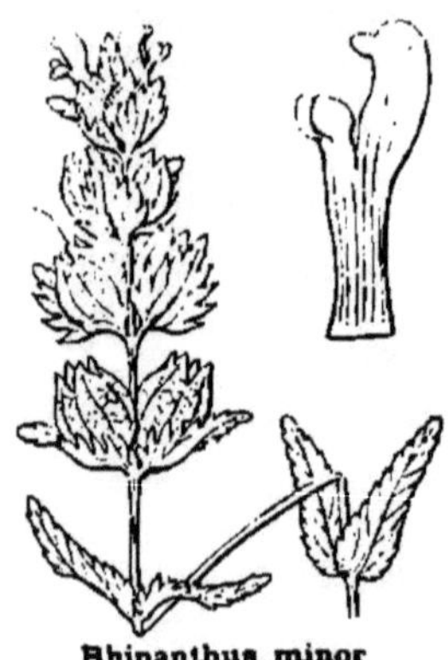

Rhinanthus minor

Stengel 5—40 cm hoch, zuweilen verzweigt. Blätter länglich-eiförmig, grob
gezähnt. Blüten blaßgelb, in endftändigem, mit hellgrünen oder rötlichen
Blättern durchfchoffenem Stande. Blumenkrone mit gerader, offener Röhre
und zwei fchwach entwickelten Lippen.

Einjährige, halbparafitifche, den Fut-
    terertrag beeinträchtigende Pflanze.
Blüht Juni und Juli.
Befucher: Hummeln.
Samen geflügelt: Windverbreitung.
Mähwiefen, Matten. Ebene bis 2200 m.
In ganz Europa.

Torfige Matten, niederer Rasen 1200–2800 Meter.

Bartsia alpina.
Bartsie des Alpes.

Alpen-Bartschie.
Poly-mountain.

A.— Pedicularis tuberosa.
Knolliges Läusekraut.
Pédiculaire tubéreuse.
Bulbiferous Lousewort.

B.— Pedicularis verticillata.
Quirlblättriges Läusekraut.
Pédiculaire verticillée.
Verticillate Red Rattle.

Die Gattung **Pedicularis** ist durch ihre deutlich zweilippigen Hummelblumen charakterisiert, die in dichtem, ährenförmigem, endständigem Stande angeordnet find. Die Blätter
find durchgehends fiederfpaltig. Sie find Halbparafiten, die
teilweife auf Koften der Futterpflanzen leben.

Pedicularis tuberosa. — *Tafel 112 A.* — Behaarte
Pflanze mit fpindelförmig verdickten Wurzeln. Stengel 10
bis 25 cm hoch. Blüten hellgelb mit lang gefchnäbelter
Oberlippe.

Mehrjährig.   Blüht Juli Auguft.
Befucher: Hummeln, Falter.
Samen ohne Verbreitungsmittel.
Alpen; in den Pyrenäen felten.

Pedicularis verticillata. — *Tafel 112 B.* — Von allen
andern Läufekräutern durch den Befitz von **4** auf gleicher
Höhe, unterhalb des Blütenftandes entfpringenden (quirlftän-
digen) Blättern zu unterfcheiden. Stengel 5—20 cm hoch,
unverzweigt. Blüten purpurn, mit faft gerader Oberlippe.

Mehrjährig.   Blüht Juli Auguft.
Befucher: Hummeln, Falter.
Samen ohne Verbreitungsmittel.
Alpen, Auvergne, Pyrenäen; Karpathen, Kaukafus,
    nordpolare Länder, Ural, Altai.

Pedicularis foliosa. — **Beblättertes Läufekraut.** —
Stengel aufrecht, kräftig, 10—60 cm
hoch. Blüten groß, hellgelb, in
dichten traubenartigen Ständen, die
bis oben mit großen fiederfpaltigen
Blättern durchfchoffen find. Oberlippe ohne Schnabel.

Mehrjährig. Blüht Juni Juli.
Befucher: Hummeln.
Samen ohne Verbreitungsmittel.
Saftige Halden, Rafenbänder.
    1400—2400 m.
Alpen, Jura, Vogefen, Pyrenäen.

Pedicularis foliosa

Linaria alpina. — *Tafel 113.* — Kahl; Stengel dünn, niederliegend, ſtark verzweigt. Blätter klein, ſchmal, bläulichgrün, je 4 beiſammen. Blüten in kurzen Trauben. Krone dunkelviolett, 5-zipflig, deutlich zweilippig. Unterlippe am Grunde mit zwei erhöhten, rotgelben oder violetten Buckeln, die den Eingang zur Kronröhre verdecken, mit rückwärts geſtrecktem, ſpitzem Sporn (Honigbehälter).

Einjährig. Blüht Juli Auguſt.
Beſucher: Hummeln, Taubenſchwanz.
Samen geflügelt: Windverbreitung.
Alpen, Jura, Pyrenäen, Karpathen.

Linaria supina. — **Niederliegendes Leinkraut.** — Pflanze kahl. Blätter ſchmal, zerſtreut ſtehend, bläulichgrün. Blüten gelb, auf der Unterlippe mit dunklem Fleck.

Einjährig in der Ebene, iſt in den Alpen mehrjährig.
Blüht Juni bis September. In der Ebene ohne Geruch, von 800—1000 m an nach Vanille duftend.
Beſucher: vermutlich Hummeln.
Sandige, ſteinige Weiden, Felſen. Ebene bis 2800 m.
Italien, Südfrankreich, Cevennen, Pyrenäen.

Erinus alpinus. — **Alpen-Leberbalſam.** — Behaart, 5—15 cm hoch. Blätter ſpatelförmig, gezähnt, unregelmäßige Roſetten bildend. Zahlreiche aufrechte Stengel mit kurzen Blütentrauben. Blüten roſafarben mit enger Kronröhre und 5 abſtehenden, ausgerandeten, faſt gleich großen Zipfeln.

Mehrjährig.
Blüht Mai Juni. Beſucher: Falter.
Samen ohne Verbreitungsmittel.
Felsblöcke, Felsſpalten auf Kalk und Dolomit.
650—2400 m.

Erinus alpinus

Weſt- und Zentralalpen, Jura, Cevennen, Pyrenäen.

Gerölle 1600-3300 Meter.

Linaria alpina.
Linaire des Alpes.

Alpen-Leinkraut.
Alpine Todflax, Mother of thousands.

A. **Veronica saxatilis.**
Felsen-Ehrenpreis.
Véronique des rochers.
Rock-Speedwell.

B. **Veronica Allionii.**
Allionis Ehrenpreis.
Véronique d'Allioni.
Allioni's Ground-heele.

Die Blüten der Gattung **Veronica** haben eine kurze Kronröhre mit 4 tellerförmig ausgebreiteten Zipfeln und nur 2 Staubgefäße. Durch die Streifung der Kronzipfel tritt die den Honig beherbergende Mitte der Blüte fehr ftark hervor: Schwebefliegenblume.

Veronica saxatilis (fruticans). — *Tafel 114 A.* —
Ältere Stengelteile niederliegend, holzig. Blühende Äfte aufrecht, bis 10 cm hoch, mit gegenftändigen, länglich-ovalen Blättern. Blüten in kurzer Traube, lebhaft blau, mit roten Adern.

Mehrjährig. Blüht Juli Auguft.
Befucher: Fliegen, Bienen, Falter.
Samen geflügelt: Windverbreitung.
Alpen, Vogefen, Auvergne, Cevennen, Pyrenäen, Karpathen, nordpolare Länder.

Veronica Allionii. — *Tafel 114 B.* — Stengel kriechend, an den Knoten wurzelnd. Zweige aufrecht. Blätter gegenftändig, oval, kurz behaart. Blüten blauviolett, in kurzer Traube. Vorderer Kronzipfel kleiner als die übrigen.

Mehrjährig. Blüht Auguft. Befucher?
Alpen von Savoyen, Dauphiné, Italien.

Veronica aphylla. — **Unbeblätterter Ehrenpreis.** —
Nur 3—6 cm hoch, behaart, mit eiförmigen, gekerbten Blättern, die zu dichter, grundftändiger Rofette vereinigt find. Blütenfchäfte aufrecht, blattlos, mit 2—5 blau- oder rotvioletten Blüten.

Mehrjährig. Blüht Juli Auguft.
Befucher: Fliegen.
Samen geflügelt: Windverbr.
Rafenbänder, fteinige, magere Weiden, auf Kalk.
1500—2800 m.
Alpen, Jura, Pyrenäen, Karpathen, Kaukafus, Altai.

Veronica aphylla

Digitalis ambigua (grandiflora). — *Tafel 115.* —
Kräftige, 50 cm bis 1 m hohe Pflanze. Blätter oberfeits
glänzend, kahl, am Rande und unterfeits auf den Haupt-
nerven kurz behaart, fchwach gekerbt. Blüten 3—4 cm lang,
weit fingerhutartig, hellgelb, innen braun geadert, in lockerer
Traube.

Mehrjährig. Blüht Juni Juli.
Befucher: Bienen, Hummeln.
Samen klein: Windverbreitung.
Alpen, Jura, Vogefen, Pyrenäen.

Digitalis lutea. — **Gelber Fingerhut.** — Unterfcheidet
sich vom vorigen durch die nur 2 cm
langen in langen, dichten Trauben
ftehenden Blüten, durch lang-ovale
Blätter und das Fehlen von Haaren.

Zweijährig.
Blüht Juni Juli.
Befucher: Gartenhummel.
Samen klein: Windverbreitung.
Steinige, waldige Abhänge der Berge
und Voralpen.
Mittel- und Nordeuropa.

Digitalis lutea

Digitalis purpurea. — **Roter Fingerhut.** — Im allgemeinen der *Digitalis ambigua* ähnlich, jedoch Blätter beiderfeits wollig behaart und Blüten 4—5 cm lang, purpurrot,
innen weiß, mit dunkelroten Flecken.

Zweijährig. Oft kultiviert, ftirbt auf Kalkboden ab.
Die Blätter enthalten das in der Medizin verwen-
dete, giftige Digitalin.
Blüht Juli Auguft. Befucher: Gartenhummel.
Wälder, Waldlichtungen der Ebene und der Berge.
Wefteuropa, fehlt in der Schweiz, dagegen in Vogefen
und Schwarzwald, auch in Frankreich heimifch.

Schattige Weiden und Bergwälder bis zur Baumgrenze.

Digitalis ambigua.
Digitale jaune à grandes fleurs.

Blassgelber Fingerhut.
Pale-Yellow Foxglove.

In sandigem, leichten Boden 1100–1800 Meter.

Galeopsis intermedia.
Galéopsis à petites fleurs.

Mittlerer Hohlzahn.
Middle Hemp-nettle.

Die **Lippenblütler** oder **Labiaten** verdanken ihren Namen der Zweilippigkeit ihrer Blüten. Sie gleichen in diefer Beziehung den *Scrophulariaceen*, unterfcheiden fich jedoch von denfelben durch die 4teilige Frucht. Blätter immer zu zweien gegenftändig. Faft alle *Labiaten* find fehr aromatifch, z. B. *Lavendel, Thymian, Pfefferminz;* fie werden daher zur Darftellung von Parfümerien oder anregenden Getränken verwendet.

Galeopsis intermedia. — *Tafel 116.* — Ganze Pflanze mit abftehenden, fteifen Haaren. Stengel 10—40 cm hoch. Blätter eiförmig, hellgrün, grob gezähnt. Blüten purpurrot, 12—15 mm lang, in dichten Knäueln in den Achfeln der oberen Blätter.

Einjährig. Blüht Juni Juli. Befucher: Hummeln.
Früchtchen häkeln fich mit den fpitzen Zähnen
    des Kelches feft: Tierverbreitung.
Leichter Sandboden, auf Urgeftein. 1100—1800 m.
Alpen der Schweiz, Italien und Frankreich; Au-
    vergne, Cevennen, Pyrenäen.

Calamintha alpina. — **Alpen-Saturei.** — Stengel 10 bis 30 cm hoch, verzweigt, unterwärts etwas verholzt, mit kleinen, ovalen, behaarten Blättern. In den Achfeln der oberen ftehen lockere Büfchel 12—20 mm langer, rotvioletter Blüten.

Mehrjährig.
Blüht Juni bis Auguft.
Befucher: Bienen, Hummeln,
    Falter.
Samen ohne Verbr.-Mittel.
Steinige Orte, Halden.
1400—2300 m.
Alpen, Jura, Karpathen, Au-
    vergne, Cevennen, Pyrenäen.

Calamintha alpina

Scutellaria alpina. — *Tafel 117.* — Mehr oder weniger behaart, 10—20 cm hoch. Der dicke Wurzelſtock trägt zahlreiche, unverzweigte Stengel. Blätter oval, grob gezähnt. Blüten 2—3 cm lang, blauviolett, in dichtem Stande, der mit breiten, grünen oder rötlichen Blättchen durchſchoſſen iſt.

Mehrjährig. Blüht Juli. Beſucher: Hummeln.
Samen herausgeſchleudert.
Felſen, Felsblöcke, beſonders auf Kalk. 1100—2400 m.
Südweſtalpen (Weſtſchweiz, Frankreich, Italien), Cevennen, Pyrenäen; Ural, Altai.

Thymus Serpyllum. — **Wilder Quendel.** — Stengel niederliegend, kriechend, nur die Enden aufgerichtet, und dadurch kurze Teppiche bildend. Blätter länglich-oval. Blüten rotviolett, in kurzem, ährenförmigem Stande.

Die behaarte Form dieſer verbreiteten Pflanze bezeichnet man als:

Thymus lanuginosus. — **Wollhaariger Quendel.** — Ganze Pflanze wollig behaart, ſonſt wie die vorige.

Beide Formen mehrjährig.
Blühen Mai bis Juli.
Beſucher: Fliegen, Bienen, Hummeln, Falter.
Samen klein: Windverbreitung.
Trockene Matten, Felſen.

Thymus lanuginosus

Thymus Serpyllum von der Ebene bis hoch in die Alpen hinauf. Alpen, Pyrenäen, Karpathen, Kaukaſus, nordpolare Länder. Ural, Altai.
Thymus lanuginosus: ſüdliche Kette der Alpen, Pyrenäen 1200—1700 m, wahrſcheinlich noch höher.

Felsen und Felsblöcke 1100–2400 Meter.

Scutellaria alpina.
Toque des Alpes.

Alpen-Helmkraut.
Alpine Skull-cap.

Mähwiesen, feuchte Weiden 1400-2300 Meter.

Betonica hirsuta.
Bétoine hérissée.

Rauhaarige Betonie.
Rough-haired Betony.

Betonica hirsuta (Stachys densiflora). — *Tafel 118.* —
Behaart, mit aufrechtem, 10—30 cm hohem Stengel. Blätter
langoval, zugefpitzt, grob gezähnt. Blüten in dickem, ährenförmigem Stand, der in den Achfeln des oberften Blattpaares
fitzt. Krone lebhaft rofa, etwa 2 cm lang.

Mehrjährig. Blüht Juli Auguft.
Befucher: vermutlich Bienen.
Früchte häkelnd: Tierverbreitung.
Südweftalpen, Pyrenäen; Tirol, Krain.

Betonica Alopecurus. — **Fuchsfchwanz-Betonie.** —
Von der vorigen durch die wollhaarigen, unterfeits weißen
Blätter, und die blaßgelben, etwas kleineren Blüten ver-
fchieden.

Mehrjährig. Blüht Juli Auguft. Befucher: Bienen.
Früchte häkelnd: Tierverbreitung.
Felfige, bufchige Stellen der Krummholzregion.
Oftalpen, Dauphiné, Pyrenäen.

Horminum pyrenaicum. — **Pyrenäen-Drachenmaul.** —
Dicker Wurzelftock, der große, ovale
Blätter mit abgerundeten Zähnen
und einen aufrechten, unverzweigten, fchwach beblätterten Stengel
trägt. 4—6 voneinander entfernte
Büfchel von großen violetten Blüten,
die viel größer find als die Blätter,
in deren Achfeln fie ftehen.

Horminum pyrenaicum

Mehrjährig.
Blüht Juni bis Auguft.
Befucher: Bienen, Hummeln.
Früchte ohne Verbreitungs-
   mittel.
Steinige Weiden, zerftreut.
Alpen, Pyrenäen.

Lavandula vera. — *Tafel 119.* — Verholztes, 20 bis 50 cm hohes Sträuchlein mit ftark verzweigtem Stengel. Blätter lang, fchmal, graufilzig. Blüten zweilippig, violett, in lockerem, ährenartigem Stand.

Mehrjährige Ebenenpflanze, die in den Alpen von Südfrankreich bis zu 1700 m Höhe gedeiht, und dort ihre Blüten in die Lavendelbrennereien liefert. Blüht Juni Juli.

Befucher: Bienen, Schmetterlinge.

Trockene, fonnige Halden, auf Kalk. 500—1700 m.

Südalpen (Frankreich und Italien), füdlicher Jura, Cevennen, Pyrenäen; oft in Gärten kultiviert.

Teucrium montanum. — **Berggamauder.** — Teppiche bildende, 5—25 cm hohe Pflanze, mit zahlreichen, zuerft niederliegenden, dann auffteigenden Stengeln, welche fehr fchmale, unterfeits weiß-wollige Blätter tragen, deren Rand nach unten umgerollt ift. Blüten gelblichweiß, in kopfförmigem, ährenartigem Stand am Ende der Zweige. Krone nur mit Unterlippe.

Teucrium montanum

Mehrjährig. Blüht Juni bis Auguft.

Befucher: Bienen, Hummeln.

Früchtchen vom blafigen Kelch umgeben: Windverbreitung.

Felfen, trockene Halden, auf Kalk, in der Hügel- und Bergregion.

Mittel- und Süddeutfchland, Alpen, Jura, Cevennen, Pyrenäen.

Trockene, sonnige Halden 500-1700 Meter.

Lavandula vera.
Vraie Lavande.

Echter Lavendel.
True Lavender.

Weiden, Rasenbänder 1400-2000 Meter.

Dracocephalum Ruyschianum. Ruysch's Drachenkopf.
Dracocéphale de Ruysch. *Ruysch's Dragon's head.*

Dracocephalum Ruyschianum. — *Tafel 120*. — Stengel
10—30 cm hoch, unverzweigt aufrecht, mit fehr fchmalen
Blättern, deren Rand nach unten umgerollt ift. Blüten
violett, 2—3 cm groß, 2-lippig, behaart, in eiförmigem, endftändigem, ährenartigem Stande.

Mehrjährig. Blüht Juli Auguft.
Befucher: vermutlich Hummeln.
Früchte ohne Verbreitungsmittel.
Matten und Weiden, befonders auf Kalk, bis 2000 m.
Alpen, Pyrenäen, Kaukafus, Ural, Altai.

Dracocephalum austriacum. — **Öfterreichifcher**
Drachenkopf. — Von vorigem verfchieden durch ftarke Behaarung,
tief fiederfpaltige Blätter mit fehr
fchmalen Abfchnitten, und größere,
4—5 cm lange Blüten mit bauchig
erweiterter Kronröhre.

Mehrjährig. Blüht Mai Juni.
Befucher: vermutlich Hum-
     meln.
Früchtchen ohne Verbrei-
     tungsmittel.
Steinige Weiden, bufchige
     Abhänge, felten.

Dracocephalum austriacum

Alpen von Frankreich, der Schweiz, Tirol bis Böhmen.

Ajuga pyramidalis. — *Tafel 121.* — Stark behaart;
Stengel aufrecht, nicht verzweigt, ohne Ausläufer, im Gegenfatz
zum *kriechenden Günfel* der Ebene. Blätter eiförmig, fchwach
gelappt, kreuzweife gegenftändig, verurfachen durch ihre Anordnung und die allmähliche Größenabnahme nach oben zu
die 4feitige Pyramidenform der Pflanze. Blüten violett in
endftändiger Scheinähre, welche von den oberen, rötlichen
oder violetten Laubblättern durchfchoffen ift, die länger find
als die Blüten.

Mehrjährig. Blüht Juni Juli. Befucher: Hummeln.
Früchte ohne Verbreitungsmittel.
Alpen, Auvergne, Pyrenäen; Kaukafus.

Die **Plantaginaceen** find mit den *Scrophulariaceen* nahe
verwandt und liefern ein intereffantes Beifpiel für den Übergang typifcher Infektenblütler zur Windbeftäubung. Während
ihr Blütenbau auf urfprüngliche Infektenbeftäubung hindeutet,
wird die Beftäubung tatfächlich meift durch den Wind vollzogen. Dementfprechend find fie unfcheinbar, jedoch als
Futterpflanzen fehr gefchätzt, in den Alpen befonders:

Plantago alpina. — **Alpen-Wegerich, Adelgras.** —

Schwach behaart, 8—20 cm hoch,
mit kräftigem, langem Wurzelftock,
welcher über dem Boden zahlreiche,
kurze Äfte trägt, deren lange, fpitze
Blätter ein dichtes grundftändiges
Büfchel bilden. Blütenfchäfte blattlos, mit kurzer, endftändiger Ähre
von kleinen weißen Blüten mit vier
fternförmig ausgebreiteten Kron-
zipfeln und 4 langfädigen Staubgefäßen.

Plantago montana

Mehrjährig. Blüht Juni Juli.
Windbeftäubung.
Samen ohne Verbreitungsmittel.
Auf gutem Matten- und Weideboden, 1500—2400 m.
Alpen, Cevennen, Pyrenäen.

Weiden, Rasenplätze 1000-2500 Meter.

Ajuga pyramidalis.
Bugle en pyramide.

Pyramidenförmiger Günsel.
Pyramidic Bugle.

Sonnige Felsen und Felsblöcke bis 2600 Meter.

Globularia cordifolia.
Globulaire à feuilles en cœur.

Herzblättrige Kugelblume.
Heart-leaved Globularia.

Die **Globulariaceen** zeigen in ihrem Blütenſtand große
Ähnlichkeit mit den *Compositen,* der Bau der einzelnen Blüten hat jedoch mit demjenigen der *Compositen* nichts zu tun,
ſondern ſchließt ſich durch die Zweilippigkeit, die Zahl
der Staubgefäße und die Form der Frucht eng an die *Scro-*
phulariaceen und damit auch an die *Plantaginaceen* an.
Während aber bei letzteren die *Scrophulariaceen*-Hummel-
blume zur Windblüte geworden iſt, hat ſie ſich bei den
Globulariaceen an die Beſtäubung durch Falter angepaßt.

Globularia cordifolia. — *Tafel 122.* — Niedriges
Sträuchlein mit holzigen, niederliegenden Äſten, die mit ihren
Büſcheln kleiner, lederartiger, 4—7 mm breiter und vorn
ausgerandeter Blättchen Teppiche und Spaliere bilden. Blüten ſtahlblau, in halbkugeligen Köpfchen am Ende zarter, 5
bis 15 cm hoher Schäfte.

Mehrjährig. Blüht Juni Juli. Beſucher: Falter.
Samen ohne Verbreitungsmittel. Beſonders auf Kalk.
Alpen, Jura, Cevennen, Pyrenäen.

Globularia nana. — **Zwerg-Kugelblume.** — Der
vorigen ähnlich, aber noch kleiner.
Blätter in ſehr dichten Roſetten, nur
2—4 mm breit. Die Blütenſchäfte ſind
2 cm lang und ragen kaum über die
Blätter empor.

Mehrjährig. Blüht Mai Juni.
Beſucher: Falter.
Trockene Felſen und Felsblöcke
   des Kalkgebirgs; mit Vorliebe
   auf Gräten, 1200—2200 m.
Alpen der Provence, Ventoux,
   Pyrenäen.

Globularia nana

Die **Polygonaceen** befitzen kleine, wenig auffallende Blüten, die meiftens in dichten Ständen angeordnet find. Merkwürdig find die Blattfcheiden, welche wie diejenigen der Gräfer den Stengel vollftändig umgeben, zuweilen allerdings, z. B. beim *Rhabarber*, bauchig davon abftehen.

Polygonum viviparum. — *Tafel 123 A.* — Dicker, knolliger Wurzelftock mit einem einzigen, aufrechten, 10 bis 15 cm hohen, unverzweigten, beblätterten Stengel. Blätter fchmal, mit nach unten umgerollten Rändern: die unteren lang geftielt. Blüten weiß oder rofa, in langer Ähre, in deren unterem Teil die Blüten durch Brutknöllchen (fiehe I. Teil S. 4) erfetzt find.

> Mehrjährig. Blüht Juni bis Auguft.
> Befucher: Fliegen, Bienen, Falter; trotzdem werden felten Samen gebildet. Die Fortpflanzung wird durch die Brutknofpen gefichert, die durch Vögel verbreitet werden.
> Matten, fteinige Weiden.
> 1400—3000 m, oft fchon bei 1000 m.
> Alpen, Jura, Auvergne, Pyrenäen; Karpathen, Kaukafus, nordpolare Länder, Ural, Altai, Himalaya.

Oxyria digyna. — *Tafel 123 B.* — Dunkelbrauner, fchuppiger Wurzelftock, der eine Rofette langgeftielter, herzförmiger, etwas fleifchiger, kahler Blätter und einen aufrechten Blütenfchaft mit traubenartigem Blütenftand trägt. Blüten mit 6 roten, heraushängenden Staubgefäßen und zwei pinfelförmigen Narben. Früchte linfenförmig zufammengedrückt mit 2 roten Flügeln (auf der Tafel nur Früchte abgebildet).

> Mehrjährig. Blüht Juli. Windbeftäubung.
> Die geflügelten Früchte durch Wind verbreitet.
> Diefelbe geographifche Verbreitung wie *Polygonum viviparum.*

Wiesen, steinige Weiden
1400-3000 Meter.

Schattige Felsen, feuchte Gerölle
1700-2600 Meter.

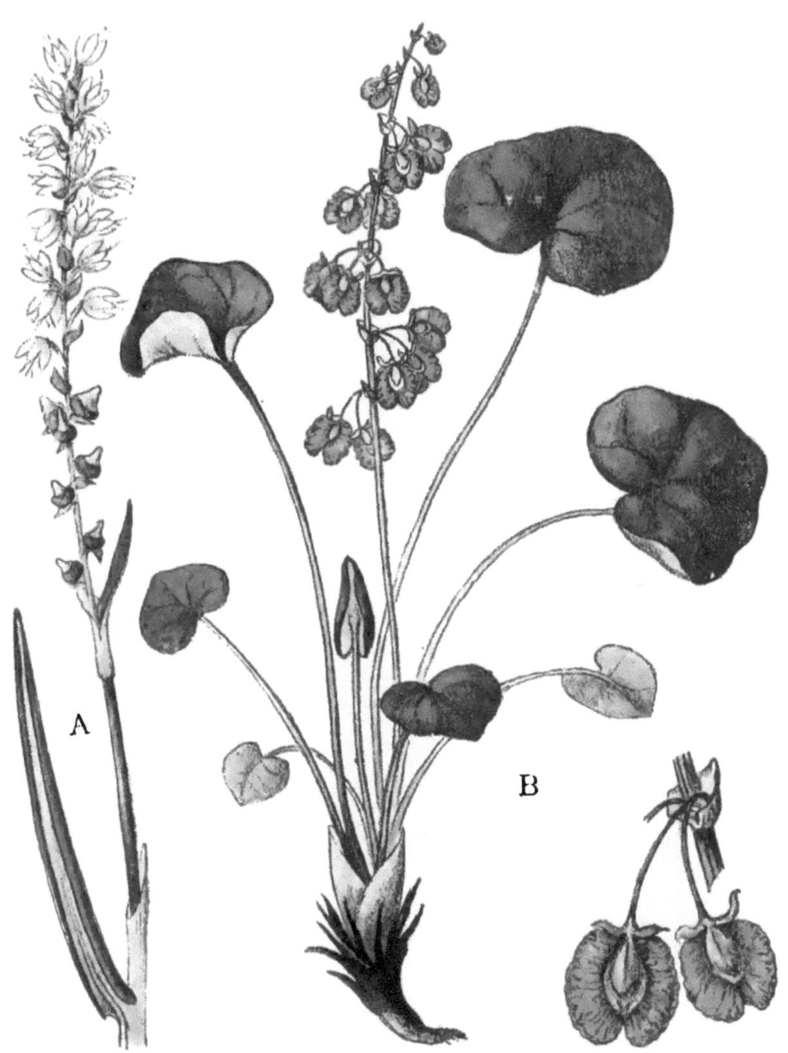

A. — **Polygonum viviparum.**
Knöllchentragender Knöterich.
Renouée vivipare.
Bulbiferous Knot-grass.

B. — **Oxyria digyna.**
Zweigriffliger Säuerling.
Oxyria à deux styles.
Mountain Sorrel.

Felsen, Rasenplätze 1600-2500 Meter.

Armeria alpina.
Statice des Alpes.

Alpen-Grasnelke.
Alpine Thrift.

Die meiſten **Plumbagaceen** ſind Meeresſtrand-Pflanzen; einige gedeihen nur auf ſehr ſalzhaltigem Boden oder gar nur in Salz-Sümpfen. Das Vorkommen von *Plumbagaceen* in den Alpen iſt daher auffallend.

Armeria alpina. — *Tafel 124.* — Starker, kurzäſtiger Wurzelſtock, der von den Reſten der alten Blätter beſetzt iſt. Blätter dreinervig, etwas fleiſchig, nur 2—3 mm breit, grasartig, in dichten Büſcheln. Blütenſchaft ſteif, aufrecht, 10—25 cm hoch. Blüten intenſiv roſa, in 2 cm großem, halbkugeligem Köpfchen, das von gelbbraunen, häutigen Blättchen umgeben iſt.

Mehrjährig.   Blüht Juli.
Beſucher: Fliegen, Bienen, Falter.
Früchte mit häutigem Fallſchirm (Kelch): Windverbreitung.
Felſen und Raſenplätze der Koniferenregion.
1600—2500 m.
Alpen, Pyrenäen, Karpathen.

Armeria maritima. — **Meer-Grasnelke.** — Der vorigen ähnlich, aber Blätter einnervig.

Strand des Atlantiſchen Ozeans, in den Gärten oft als ſogen. „ſpaniſcher Raſen“ zu Einfaſſungen verwendet.

Armeria maritima

Empetrum nigrum. — *Tafel 125 A.* — Heidekraut-artiger, 15—40 cm hoher, ausgedehnte Büfche bildender Strauch mit holzigen, niederliegenden, dicht beblätterten Stengeln. Blätter 7—8 mm lang, fchmal, lederartig, immergrün; ihr Rand ift über die Unterfeite umgerollt (I. Teil Seite 35). Blüten fehr klein, mit 3 rofafarbenen Kronblättern in den Achfeln der oberen Blätter.

Mehrjährig. Blüht Mai bis Juli.

Befucher: gelegentlich Fliegen, meift Windbeftäubung.

Fleifchige, erft grüne, dann rote, zuletzt fchwarze Beeren; durch Vögel verbreitet.

Alpen (mit Ausnahme der warmen füdlichen Teile), Jura, Auvergne, Pyrenäen, Karpathen, Kaukafus, nordpolare Länder, Ural, Altai.

Thymelaeaceen.

Daphne striata. — *Tafel 125 B.* — Stark verzweigtes, 10—20 cm hohes Sträuchlein mit braunen, gekrümmten Äften. Blätter immergrün, fchmal, unbehaart, etwa 2 cm lang. Blüten fehr wohlriechend, lebhaft rot, mit geftreifter Kronröhre, in dichter, faft kopfförmiger Dolde.

Mehrjährig. Blüht Juni Juli. Befucher: Falter.

Beeren rot, durch Vögel verbreitet.

Zentral- und Oftalpen.

Daphne Mezereum. — **Seidelbaft.** — Trägt die Blüten unterhalb des endftändigen Schopfes von nur einjährigen Blättern, die fich erft nach dem Blühen völlig entwickeln.

Daphne Mezereum

Mehrjährig.

Blüht März, in den Alpen bis Juli.

Befucher: Bienen, Hummeln, Falter.

Beeren rot, giftig, durch Vögel verbreitet.

Steinige Wälder, zwifchen Fels-blöcken. Ebene bis 2000 m.

Mitteleuropa, Alpen.

A.   Empetrum nigrum.
Schwarze Rauschbeere.
Camarine noire.
Crowberry, Crakeberry.

B. — Daphne striata.
Gestreifter Kellerhals.
Daphné strié.
Striped Mezereon.

Feuchte Weiden 1800–2600 Meter.

Salix glauca.
Saule glauque.

Graugrüne Weide.
Glaucescent Willow.

Die **Weidengewächse** oder **Salicaceen,** die in der Ebene zu hohen Bäumen heranwachfen, find in der Alpenregion nur durch niedere Sträucher vertreten, die fich oft fpalierartig dem Boden anfchmiegen. Die Blüten ftehen in dichten Ähren (Kätzchen), und zwar männliche (Staubgefäße) und weibliche (Stempel) auf verfchiedenen Stöcken: Zweihäufigkeit, Dioecie. Obwohl eine eigentliche Blütenhülle fehlt, werden die Blüten von Infekten befucht, welche fie am ftarken Honiggeruch und an der gelben Färbung der Staubbeutel erkennen.

Salix glauca. — *Tafel 126.* — Bis 80 cm hoher, ftark verzweigter Strauch mit krummen Äften, die in der Jugend wie die Knofpen weiß behaart find. Blätter lanzettlich, nicht gezählnt, beiderfeits lang feidenhaarig. Blüten in dichten, endftändigen Kätzchen: auf Tafel 126 nur folche mit weiblichen Blüten abgebildet.

Mehrjährig. Blüht Juni Juli. Befucher: Hummeln. Samen mit Haarfchopf: Windverbreitung. Alpen, Pyrenäen, Kaukafus, nordpolare Länder (geht unter allen Weiden am weiteften nördlich, bis 74,5° n. Br.), Ural, Altai.

Salix Arbuscula. — **Bufchweide.** — Höchftens 50 cm hoch, dichte Büfche bildend. Blätter breit lanzettlich, gezähnt, oberfeits dunkelgrün, unterfeits etwas bläulich. Blütenähren auf kurzen Seitenäften, mit behaarten Deckfchuppen. Der abgebildete Aft männlich, rechts oben weibliches Kätzchen.

Salix Arbuscula

Mehrjährig. Blüht Juni Juli. Befucher und Samen wie bei der vorigen. Weiden, feuchte Felfen. 1400—2700 m. Alpen, Pyrenäen; Karpathen, Kaukafus, nordpolare Länder, Ural, Altai.

Salix reticulata. — *Tafel 127.* — Niedriges Spalierfträuchlein mit ftarken, holzigen Äften. Blätter breit elliptifch, lederartig, fchwach behaart, mit umgerolltem Rand,
oberfeits dunkelgrün, unterfeits bläulichgrün mit deutlich her-
vortretendem Adernetz. Blütenkätzchen deutlich höher als
die Blätter. Blütenfchuppen rötlich.

Mehrjährig. Blüht Juli Auguft.
Befucher: Falter, wohl auch Fliegen und Hummeln.
Samen mit Haarfchopf: Windverbreitung.
Alpen, Pyrenäen, Karpathen (fehlt dem Kaukafus),
     nordpolare Länder, Ural, Altai.

Salix herbacea. — **Krautweide.** — Kleinfte aller
Weiden. Äfte dünn mit nur zwei
breit eiförmigen, hellgrünen, beiderfeits glänzenden, dünnen, krautigen
Blättern, dazwifchen die kurzen,
wenigblütigen Kätzchen (in der Skizze
weiblich, nur rechts unten männlich).

Mehrjährig. Blüht Juli Auguft.
Befucher: Fliegen, Hummeln.
Samen mit Haarfchopf: Windverbr.
Feuchte Felsblöcke, niederer Rafen,
     1700—3000 m.
Alpen, Pyrenäen, Karpathen, nord-
     polare Länder, Altai.

Salix retusa. — **Stumpfblättrige Weide.** — Gedrun-
genes Spalierfträuchlein mit ftarken,
knorrigen Äften. Blätter auch kahl,
jedoch fchmal-eiförmig, vorn oft abgeftutzt. Kätzchen dichter als bei
voriger (Skizze links männlich, rechts
weiblich). Blütenfchuppen gelb.

Mehrjährig. Blüht Juli Auguft.
Befucher, Samen wie bei voriger.
Felsblöcke, niederer Rafen.
800—3000 m.
Alpen,   Pyrenäen;   Karpathen,
     nordpolare Länder, Altai.

Felsblöcke, magere Weiden 1600–3000 Meter.

Salix reticulata.
Saule réticulé.

Netzadrige Weide.
Reticulated Willow.

Schattige, feuchte Halden 600-2300 Meter.

Alnus viridis.
Aune vert.

Grün-Erle.
Green Alder.

Die **Betulaceen** oder **Birken-** und **Erlengewächfe** tragen ihre Blüten wie die Weiden in dichten Kätzchen, aber männliche und weibliche auf demfelben Stocke: Einhäufigkeit, Monoecie. Honiglofe Windblütler.

Alnus viridis. — *Tafel 128.* — Bis 2 m hoher, ftark verzweigter Strauch mit elaftifchen Äften. Blätter eiförmig, fpitz, am Rande gezähnt, beiderfeits grün, faft kahl. Die weiblichen Blütenftände (nur fie find auf Tafel 128 wiedergegeben) werden im zweiten Jahre zu holzigen, dunkeln Zäpfchen; die männlichen hängend, kleiner, hinfällig.

Mehrjähriger, dichte Beftände bildender Strauch, der als Feftiger des Bodens, Lawinenfchutz und Brennholzlieferant von großem Werte ift.

Blüht Mai bis Juli. Windbeftäubung.

Samen geflügelt: Windverbreitung.

1500—2300 m; im Teffin fchon bei 600 m.

Alpen, im Süden bis Korfika; Schwarzwald (fehlt Jura, Vogefen und Pyrenäen), Böhmerwald, Mähren, polares Afien und Amerika.

Betula nana. — **Zwergbirke.** — Nur etwa 50 cm hoher, ftark verzweigter Strauch mit dunkler Rinde. Äfte meift gerade, mit rundlichen, lederartigen, dunkelgrünen, nur 1 cm großen, gezähnten Blättern. Kätzchen eiförmig bis zylindrifch, auf kurzen Seitenäften.

Betula nana

Mehrjährig. Blüht Mai Juni. Windbeftäubung.

Früchte geflügelt (Skizze rechts oben): Windverbreitung.

Ausgefprochen nordifche Pflanze, die in Mitteleuropa nur hie und da als Reft der Flora der Eiszeit vorkommt, fo in den Torfmooren des Jura und der Ardennen, fehlt in den Alpen.

Die **Coniferen** oder **Nadelhölzer** find durchgehends Holzpflanzen mit nadel- oder fchuppenartigen Blättern. Die meiſten find reich an Harzen, die zu Lacken etc. verwendet werden. Ihre Blüten ſtehen auf einer niederen Entwicklungs- ſtufe, indem die Samen nicht in einem geſchloſſenen Gehäuſe, einem Fruchtknoten enthalten find, wie bei den übrigen, in diefem Buche behandelten Pflanzen, fondern nackt zwifchen den fie tragenden Blättern fitzen: **Nacktfamige, Gymnofper- men.** Heutzutage bilden diefelben nur noch einen kümmer- lichen Reft einer formenreichen, uns aus Verfteinerungen und Abdrücken bekannten Flora vergangener Erdperioden.

Juniperus nana. — *Tafel 129.* — Ift von dem *gewöhn- lichen Wacholder (J. communis),* der auf trockenen Hügeln vorkommt, nur durch feinen gedrungeneren Wuchs mit oft ſpa- lierartig am Boden und an Felsblöcken ausgebreiteten Äften verfchieden. Blätter kurz nadelförmig, unterfeits weißgrün. Früchte beerenartig, kugelig (fiehe Tafel 129), bei der Reife fchwarz.

Mehrjährig.   Blüht Juli Auguft.   Windbeftäubung.
Samen durch Vögel verbreitet.
Höchft hinauffteigende Holzpflanze (I. Teil Seite 11).
Alpen, Jura, Auvergne, Cevennen, Pyrenäen; Kar-
    pathen, Kaukafus, nordpolare Länder, Ural, Altai,
    Himalaya.

Juniperus Sabina. — **Sadebaum.** — Vom vorigen
durch die winzig fchuppenförmigen,
dem Stengel eng anliegenden Blätter
und den höheren Wuchs verfchieden.

Mehrjährige, zum Teil giftige Pflanze.
Blüht April Mai. Windbeftäubung.
Früchte beerenartig, durch Vögel
    verbreitet.
Felfen, fteinige Matten, befonders
    auf Kalk.
1400—1800 m.
Alpen, Südtirol, Krain, Pyrenäen.

Juniperus Sabina

Juniperus nana.
Genévrier nain.

Zwerg-Wachholder.
Dwarf-Juniper.

Matten, feuchte Weiden 850–2500 Meter.

Veratrum album.

Hellébore blanc, Véraire blanc.

Weisser Germer.

White Veratrum.

Die **Colchicaceen** unterfcheiden fich von den Lilien-
gewächfen nur durch die abweichende Art des Auffpringens
der Früchte. Ihr bekannteßter Vertreter ift die *Herbßzeitlofe
(Colchicum autumnale)*, deren Blüten im Herbft, deren Blätter
im Frühling erfcheinen.

Veratrum album. — *Tafel 130.* — Bis 1 m hohe,
weichhaarige Pflanze mit langem, dickem Wurzelftock. Stengel
aufrecht, gleichmäßig beblättert. Blätter groß, fpitz-eiförmig,
umfaffen mit ihrem Grunde den Stengel, mit ftark hervortretenden, bogig verlaufenden Nerven. Den Blättern der
Gentiana lutea (Tafel 106) ähnlich, jedoch behaart und nicht
zu zweien gegenftändig. Blüten unfcheinbar, grünlich, in
großen endftändigen Trauben.

Mehrjährige Giftpflanze, daher vom Vieh gemieden.
Blüht Juli Auguft.
Befucher: Fliegen, feltener Falter, niemals Bienen.
Samen geflügelt: Windverbreitung.
Matten, feuchte Weiden, Bachufer, 850—2500 m.
Alpen, Jura, Vogefen, Mitteldeutfchland; Auvergne,
    Cevennen, Pyrenäen; Gebirge von Nordafien.

Bulbocodium vernum. — **Frühlings-Lichtblume.** —
Zwiebelpflanze mit 2—4 langen, fchma-
len Blättern, die bei der Entfaltung
der Blüten kaum entwickelt find. Diefe
groß, hell rotviolett, trichterförmig,
einzeln oder 2—3 vereinigt.

Mehrjährig.
Blüht März April, in der Nähe
    des fchmelzenden Schnees.
Befucher: vermutlich Hummeln
    und Falter.
Samen ohne Verbreitungs-
    mittel.

Matten der tieferen Lagen der Weftalpen (Wallis,
    franzöfifche und italienifche Alpen), Pyrenäen,
    Arragonien.

Die Familie der **Liliaceen** oder **Liliengewächfe** ift
äußerft reich an Arten, von denen manche, z. B. die
Lilien, Tulpen, Hyacinthen etc., allgemein bekannt und
beliebt find. Die meift fchön gefärbten Blüten find drei-
zählig, befitzen alfo je 2×3 Blütenblätter und Staubgefäße, und einen dreifächerigen Fruchtknoten. Die
Blätter find ftets länglich, fchmal, mit faft parallel verlaufenden Nerven. Ihren einfachen Formen mit den
klaren Linien haben diefe Pflanzen die häufige Ver-
wendung in der Kunft zu verdanken.

Gagea Liottardi. — *Tafel 131 A.* — Höchftens 10 cm
hoch, mit zwei übereinanderftehenden, von gemeinfamer
Hülle umgebenen Zwiebeln. Die untere derfelben treibt ein
oder zwei fchmale, rinnenförmige Blätter und einen dünnen
Stengel, der zwei Blätter und dazwifchen 1—5 nacheinander
fich öffnende, gelbe, fternförmige Blüten trägt.

Mehrjährig.
Blüht Mai bis Juli, fofort nach der Schneefchmelze.
Befucher: Fliegen, Hummeln, Falter.
Samen ohne Verbreitungsmittel.
Alpen, Pyrenäen, Kaukafus, Altai.

Lloydia serotina. — *Tafel 131 B.* — Zwiebel länglich,
dünn, trägt 2—3 fadenförmige Blätter und einen 5—12 cm
hohen, dünnen Stengel, der 3—4 kurze Blätter und eine
einzige, aufrechte, etwa 1 cm große, weiß und rofa geftreifte,
in der Mitte gelbe Blüte trägt.

Mehrjährig.
Blüht Juni Auguft.
Befucher: Fliegen, kurzrüßlige Bienen.
Samen flach, geflügelt: Windverbreitung.
Alpen, Karpathen, Kaukafus, nordpolare Länder, Ural,
    Altai, Himalaya.

A. — **Gagea Liottardi.**
Liottard's Gelbstern.
Etoile jaune de Liottard.
Liottard's yellow star of Bethlehem.

B. — **Lloydia serotina.**
Spätblühende Faltenlilie.
Lloydie tardive.
Late-flowering Lloydia.

Rasenbänder, felsige Weiden 1000-2100 Meter.

Paradisia Liliastrum.
Paradisie-lis.

Weisse Trichterlilie.
Lily-like Paradisia.

Paradisia Liliastrum. — *Tafel 132.* — Zwiebel fehr dünn, trägt mehrere, nur etwa 1 cm breite Blätter, die ungefähr fo lang find wie die Stengel. Diefe 20—30 cm hoch, nicht beblättert, mit 2—5 weißen, 4—5 cm langen, trichterförmigen, nach einer Seite geneigten Blüten.

Mehrjährig. Blüht Juli Auguft.
Befucher: Falter, befonders die Gamma-Eule.
Samen ohne Verbreitungsmittel.
Alpen, Jura, Cevennen, Pyrenäen.

Asphodelus subalpinus. — **Subalpiner Affodill.** —
1 m hoch, mit fpindelförmig verdickten Wurzeln. Blätter grundftändig, dreikantig, rinnenförmig, bläulichgrün. Blütenfchaft fteif, mit dichter Traube weißer, rofa geftreifter Blüten und braunen Deckfchuppen.

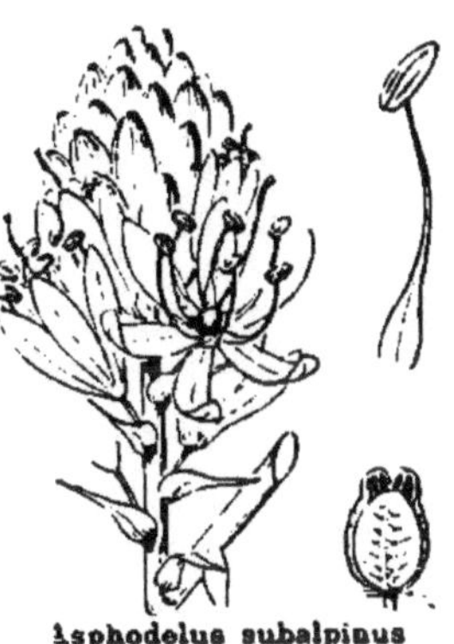

Mehrjährig. Blüht Juli.
Befucher: vermutlich Falter.
Samen ohne Verbreitungsmittel.
Felfen, Weiden, Abhänge.
800 bis 1700 m.
Weftalpen (Dauphiné), Cevennen, Pyrenäen.

Asphodelus subalpinus

Fritillaria delphinensis. — **Schachblume des Dauphiné.** — Die Zwiebel (Skizze rechts unten!) trägt nur einen Stengel; diefer oberwärts mit 4—8 länglichen, flachen Blättern und einer nickenden, glockenförmigen Blüte; diefe gelb, braun- oder violettrot.

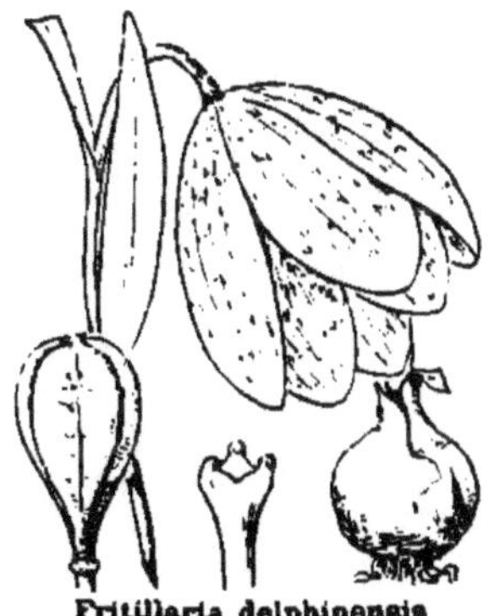

Mehrjährig. Blüht Mai Juni.
Befucher: vermutlich Hummeln.
Samen geflügelt: Windverbr.
Weiden der fubalpinen Region.
Alpen von Frankreich, Italien und Tirol, Korfika.

Fritillaria delphinensis

Die **Allium-** oder **Lauch-Arten** find an ihrem eigen-
tümlichen, bekannten Geruche von den übrigen *Liliaceen*
leicht zu unterfcheiden.

Allium Victorialis. — *Tafel 133 A.* — Grundständige
Blätter 3—5 cm breit, flach. Der 20—25 cm hohe Stengel
trägt unterwärts 2—4 kurzgeftielte Blätter. Blüten klein,
grünlich- oder gelblichweiß, in kugeliger Dolde, die am
Grunde von einem einzigen, kurzen Hüllblatt umgeben ift.

Mehrjährig. Blüht Juli Auguft.
Befucher: Fliegen, daneben auch Falter.
Samen ohne Verbreitungsmittel.
Alpen, Jura, Vogefen, Auvergne, Cevennen, Pyrenäen;
    Karpathen, Kaukafus, Ural, Altai.

Allium Schoenoprasum. — *Tafel 133 B.* — Blätter
grundftändig, bläulichgrün, meift in Büfcheln, röhrenförmig,
vorn fpitz. Blüten auf 20—40 cm hohem Schaft, rofa oder
violett, in dichter, kugeliger Dolde, die von breiteiförmigen
Hochblättern umgeben ift.

Mehrjährig. Blüht Juni Juli. Befucher: Falter.
Samen ohne Verbreitungsmittel.
In den Gärten als Suppengemüfe kultiviert, wild auf
    moorigen Wiefen.
Europa, Nord- und Mittelafien, in Nordamerika von
    Kolumbien bis Labrador.

Allium fallax (senescens). — **Täufchender Lauch.** —

Rafenbildend, 15—25 cm hoch. Jede
Zwiebel mit 3—8 langen, nur 1—3 mm
breiten, rinnenförmigen Blättern, die
vom Stengel etwas überragt werden.
Blüten klein, violettrot.

Mehrjährig. Blüht Juli Auguft.
Befucher: Fliegen, Bienen, Falter.
Samen ohne Verbreitungsmittel.
Felfen, feuchte Abhänge.
1200—2000 m.
Alpen, Jura, Auvergne, Cevennen,
    Pyrenäen; bis Oftafien.

Gebüsche, feuchte Weiden
1200-2200 Meter.

Rasenbänder, feuchte Felsen
bis 2500 Meter.

A. — **Allium Victorialis.**
Allermannsharnisch.
Ail Victoriale.
Victory-leck.

B. — **Allium Schœnoprasum.**
Schnittlauch.
Ciboulette, Civette.
Chives.

Waldlichtungen, Gebüsche, Matten bis 2200 Meter.

Lilium Martagon.
Lis Martagon.

Türkenbund.
Mountain-lily.

Lilium Martagon. — *Tafel 134.* — Stengel ¹/₂—1 m
hoch, ohne grundſtändige Blätter, dagegen etwas unter der
Mitte des Stengels ein Quirl von 5—10 roſettig ausgebreiteten,
breit lanzettlichen Blättern. Darüber eine lockere Traube von
3—8 großen, violettroten, dunkelpunktierten Blüten, deren
Blätter beim Aufblühen nach rückwärts umgerollt werden.

Mehrjährig. Blüht Juni bis Auguſt.
Beſucher: Falter, beſonders der Taubenſchwanz.
Samen geflügelt: Windverbreitung.
Waldlichtungen, Gebüſche, ſteinige Weiden, auf
     warmen Kalkhügeln bis 2200 m.
Alpen, Mittel- und Südeuropa, bis Sibirien und Japan.

Lilium croceum. — **Feuerlilie.** — Stengel 25—70 cm
hoch, gerade, kantig, trägt bis zu den
Blüten hinauf zahlreiche, ſchmal-
lanzettliche, aufwärts gerichtete Blätter. Am Ende des Stengels 1—4
große, trichterförmige, aufrechte Blüten. Kronblätter gelbrot mit ſchwarzen Punkten.

Mehrjährig. Blüht Juni Juli.
Beſucher: Falter, und zwar
     meiſt ſolche, die wie die
     Blüten rot gefärbt ſind.
Samen geflügelt: Windver-
     breitung.

Lilium croceum

Wälder, felſige Abhänge, beſonders auf Kalk.
Bis 1800 m.
Alpen, Jura, in Mitteleuropa zerſtreut.

Polygonatum verticillatum. — *Tafel 135.* — Wage-
rechter, dicker, weißer Wurzelſtock mit dünnen Wurzeln.
Derſelbe trägt am Ende einen einzigen, aufrechten, 30 bis
60 cm hohen Stengel, der in ſeinem oberen Teile mit 4 bis
5zähligen Quirlen von ſchmalen, ſpitzen Blättern dicht beſetzt
iſt. Zwiſchen denſelben hängen kurze Trauben von 2—3
grünlichweißen, geruchloſen, 6—8 mm langen Blüten herab.

Mehrjährig.   Blüht Juni Juli.
Beſucher: Hummeln, Falter.
Die kugeligen, erſt roten, dann ſchwarzen Beeren
    durch Vögel verbreitet.
Alpen, Jura, überhaupt in den Gebirgen von Europa
    bis zum Kaukaſus und Himalaya.

Die **Amaryllideen** unterſcheiden ſich von den *Liliaceen*
nur dadurch, daß der die Samen enthaltende Fruchtknoten
nicht mehr in der Mitte der Blüte ſitzt, ſondern unterhalb
derſelben, wo er als grüne kugelige Anſchwellung von außen
ſichtbar iſt.

Narcissus poëticus. — **Narziſſe der Dichter.** — Die
große, birnförmige Zwiebel trägt 3 bis
5 bandartige, 30—50 cm lange Blätter
und in ihrer Mitte einen gefurchten,
die Blätter etwas überragenden Blütenſchaft. Am oberen Ende desſelben ein
häutiges, trichterförmiges Blatt, in
deſſen Grund eine weiße Blüte mit
langer Kronröhre und ſechs tellerförmig ausgebreiteten Zipfeln entſpringt.
In ihrer Mitte ein gelbes Krönchen mit
rotem Rande.

Narcissus poeticus

Mehrjährig.   Blüht April Mai.
Beſucher: Falter.
Samen ohne Verbreitungsmittel.
Feuchte Wieſen und Matten der Ebene bis 1800 m.
Alpen, Südweſt-Europa.

Schattige Wälder bis 2100 Meter.

Polygonatum verticillatum. Quirlblättriger Salomonssiegel.
Muguet verticillé. *Verticillate Salomon's seal.*

Matten, in kurzem Rasen 1300-2600 Meter.

Nigritella nigra (angustifolia).
Manette, Orchis vanillé.

Männertreu, Bränderli.
Black Nigritella.

Die **Orchidaceen** find befonders fchönblumige Pflanzen. In ihren Blüten ift derfelbe Bauplan zu erkennen wie bei den *Liliaceen,* außer daß der Fruchtknoten wie bei den *Amaryllideen* unter die Blütenblätter hinabgerückt und dort als walzenförmiges, meift gedrilltes Gebilde fichtbar ift. Die Blumenkrone ift ftets zweilippig, was, zufammen mit dem häufigen Vorhandenfein eines fpornartigen Honigbehälters, auf hochgradige Anpaffung an den Befuch von Infekten hindeutet. Es find vorwiegend die intelligenteren, langrüßligen Gruppen: Bienen, Hummeln und Schmetterlinge, welche die *Orchideen* beftäuben.

Nigritella nigra (angustifolia). — *Tafel 136.* — Zwei handförmig geteilte, 4—5-zipflige Wurzelknollen, deren ältere einen 10—30 cm hohen Stengel und einige fchmale, fpitze Blätter trägt. Blüten in kurzer, dichter Ähre, dunkel purpurn (felten rofa, gelblich oder weiß), mit ftarkem Vanillegeruch.

Mehrjährig. Blüht Juni bis Auguft.
Befucher: Falter.
Samen klein: Windverbreitung.
Alpen, Jura, Auvergne, Pyrenäen; Karpathen.

Herminium (Chamaeorchis) alpinum. — **Alpen-Zwerg-orchis.** — Nur 6—12 cm hoch, mit zwei eiförmigen, kleinen Wurzelknollen und 5—7 fchmal bandförmigen Blättern, die fo lang find wie der Stengel. Derfelbe trägt am oberen Ende eine lockere Ähre von 5—6 gelbgrünen Blüten mit roter Zeichnung; geruchlos.

Mehrjährig. Blüht Juli Auguft.
Befucher: vermutlich Schlupf-
    wefpen und Fliegen.
Samen klein: Windverbreitung.
Feuchte Matten. 1900— 2700 m.

Herminium alpinum

Alpen, Karpathen, Skandinavifche Gebirge.

Gymnadenia conopea. — *Tafel 137.* — Zwei handförmig geteilte, 4—5-zipflige Wurzelknollen. Stengel 40 bis 60 cm hoch, befonders unterwärts mit hellgrünen, fchmal bandförmigen, fpitzen Blättern befetzt.

Blüten klein, hellpurpurn, mit ftarkem Vanilleduft, in dichter Ähre. Die dreiteilige Unterlippe rückwärts in einen 13—15 mm langen, dünnen Sporn ausgezogen.

Mehrjährig.

Blüht Juni Juli.

Befucher: vorwiegend Tagfalter, felten Nachtfalter.

Samen klein: Windverbreitung.

Magere Matten, fteinige Weiden. 600—2300 m.

Alpen, Pyrenäen, überhaupt in ganz Europa bis Sibirien.

Gymnadenia odoratissima. — **Wohlriechende Nacktdrüfe.** — Der vorigen ähnlich, aber nur 15—50 cm hoch, und die blaßrofafarbenen Blüten mit einem nur 4 bis 5 mm langen Sporn; in dünnerer Ähre. Vanillegeruch noch ftärker.

Mehrjährig.

Blüht Juni Juli.

Befucher: Falter, befonders auch Nachtfalter.

Samen klein: Windverbreitung.

Magere, feuchte Matten, befonders auf Kalk. 600—1900 m.

Orchis odoratissima

Von den Pyrenäen durch Frankreich, die Alpen bis Ofteuropa verbreitet.

Magere Matten, feuchte Weiden 600-2300 Meter.

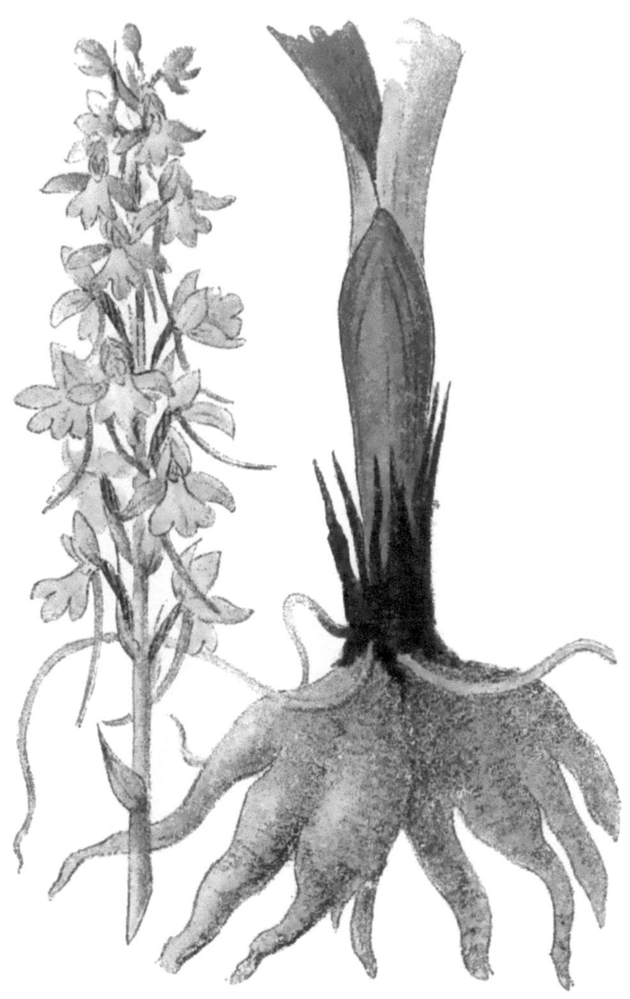

Gymnadenia (Orchis) conopea.
Gymnadénia à long éperon.

Stechmücken-Nacktdrüse.
Long-spured Gymnadenia.

Feuchte, torfige Matten bis 1900 Meter.

Orchis latifolia.
Orchis à larges feuilles.

Breitblättriges Knabenkraut.
Broad-leaved Orchis.

Orchis latifolia. — *Tafel 138.* — Zwei handförmig
geteilte Wurzelknollen. Stengel aufrecht, 15—45 cm hoch,
mit braun gefleckten, fpitz-elliptifchen, oberwärts kleiner
werdenden Blättern befetzt. Blüten mit meift rötlichen Deck-
blättern in dichter Ähre. Kronblätter rofa; Unterlippe fchwach
3-zipflig mit dunkelroter Zeichnung. Sporn etwa fo lang als
der walzenförmige Fruchtknoten.

Mehrjährig. Blüht Juni Juli.
Befucher: Bienen und Hummeln.
Samen klein: Windverbreitung.
Alpen, Pyrenäen, öftlich bis Kamtfchatka.

Cypripedium Calceolus. — **Frauenfchuh.** — Pflanze
mit dickem Wurzelftock. Stengel
aufrecht, 30—40 cm hoch, mit
einigen 10—12 cm langen, und 4
bis 5 cm breiten, etwas behaarten
Blättern, die mit ihrem Grunde den
Stengel umfaffen. Derfelbe trägt am
Ende ein breites, grünes Hochblatt,
und eine einzige, große, hängende
Blüte. Seitliche und obere Blütenblätter dunkel rotbraun, Unterlippe
gelb, rot geadert, groß, fackartig aufgeblafen, oben offen.

Mehrjährig. Blüht Juni.
Befucher: kleine Bienen: *Anthrena*-Arten, die in die
    vordere Öffnung der Unterlippe hineinkriechen,
    den darin befindlichen Honig ablecken, und
    fich beim Hinausfchlüpfen durch eine der beiden
    feitlichen Öffnungen mit einem Paket von Blüten-
    ftaub beladen, das fie beim Hineinkriechen in die
    nächfte Blüte an der Narbe abftreifen.
Samen klein: Windverbreitung.
Bufchige Wälder, befonders auf Kalk.
Pyrenäen, Alpen, von Oftfrankreich bis Oftfibirien.

Coeloglossum viride (Orchis viridis). — *Tafel 139 A.* —

Stengel aufrecht, 10—25 cm hoch, mit zwei breiten, 2- oder 3-teiligen Wurzelknollen. Blätter kurz, länglich oval, zugefpitzt. Blüten grün und braunrot, in langer, ziemlich lockerer Aehre. Obere Blütenblätter helmförmig zufammenneigend. Unterlippe 3-teilig, mit kurzem Mittellappen. Sporn kurz.

Mehrjährig. Blüht Juni Juli.
Befucher: vermutlich kleine Nachtfchmetterlinge.
Samen klein: Windverbreitung.
Pyrenäen, Berge von Frankreich, Alpen, Jura, Karpathen, Kaukafus, Ural, Altai.

Orchis sambncina. — *Tafel 139 B.* — Wurzelknollen

2—3-zipflig. Stengel 10—20 cm hoch, mit hellgrünen, langen, fchmalen und abftehenden Blättern befetzt, die ihn mit der Bafis umfaffen. Blüten in kurzer, lockerer Ähre, bald gelb, bald purpurn. Unterlippe mit dunklerer roter Zeichnung, fchwach 3-zipflig. Sporn fo lang als der Fruchtknoten.

Mehrjährig. Blüht Mai Juni.
Befucher: Hummeln.
Samen klein: Windverbreitung.
Alpen, Jura, Vogefen; Auvergne, Cevennen, Pyrenäen; im Often bis zum Ural.

Listera cordata. — Herzblättrige Liftere. — Zartes, 5—20 cm hohes Pflänzchen ohne Knollen. Etwa in der Stengelmitte zwei gegenftändige, herzförmige, ungeftielte Blätter. Wenige kleine, gelbe, rotgefleckte Blüten in lockerer Traube.

Mehrjährig.
Blüht Mai bis Juli.
Befucher: kleine Fliegen und Bienen.
Samen klein: Windverbreitung.
Im Moofe fchattiger, feuchter Wälder.
Bis 2300 m.
Alpen, Jura, Vogefen, Süddeutfchland; Auvergne, Pyrenäen.

Listera cordata

A. — **Coeloglossum viride.**
Grüne Hohlzunge.
Orchis verdâtre.
Green Coeloglossum.

B. **Orchis sambucina.**
Hollunder-Orchis.
Orchis à odeur de sureau.
Elder-smelling Orchis.

Feuchte Matten, Rasenplätze 1000–2400 Meter.

Orchis globosa.
Orchis globuleux.

Kugel-Orchis.
Globular Orchis.

Orchis globosa. — *Tafel 140.* — Die beiden Wurzelknollen eiförmig, ungeteilt. Stengel 15—50 cm hoch, aufrecht. Blätter fchmal bandförmig, aufrecht, umfaffen mit der Bafis den Stengel. Blüten purpur- oder rofarot, felten weiß, fchwach duftend, in dichter, erft kugeliger, dann länglicher Ähre.

Mehrjährig. Blüht Juni Juli. Befucher: Falter.
Samen klein: Windverbreitung.
Alpen, Jura, Süddeutfchland; Auvergne, Pyrenäen.

Corallorrhiza innata. — **Eingewachfene Korallenwurz.** — Gelbgrün, 10—25 cm hoch, ohne grüne Blätter. Wurzelftock ftark verzweigt mit angefchwollenen Aften, in welchen der die Pflanze wahrfcheinlich ernährende Pilz lebt. Blüten klein, gelblichgrün in lockerer Ähre. Lippe dreiteilig, weiß, mit roter Zeichnung.

Mehrjährig.
Blüht Juni Juli. Befucher?
Samen klein: Windverbreitung.
In Wäldern zerftreut.
1000—1900 m.
Alpen, Jura, Vogefen, Süd- und
     Mitteldeutfchland, Pyrenäen.

Corallorrhiza innata

Epipogon aphyllus. — **Blattlofer Widerbart.** — Ganz weiße, farbftoffreie Humuspflanze mit ähnlichem Wurzelftock, wie *Corallorhiza* und gleicher Lebensweife. Stengel durchfcheinend, mit 2—3 fchuppenförmigen Blättern. 1—5 gelblichweiße Blüten mit fleifchrotem Sporn; in lockerer Traube. Vanilleduft.

Mehrjährig. Blüht Juli Auguft.
Befucher: Hain-Hummel.
Vereinzelt, felten, in Wäldern.
Alpen, Jura, Süddeutfchland;
Pyrenäen. 600—1500 m.

Epipogon aphyllum

Die **Cyperaceen** find unfcheinbare, grasartige Gewächfe, die in der Vegetation der Sümpfe und feuchten Matten eine wichtige Rolle fpielen. Wegen der Härte ihrer Stengel und Blätter liefern fie kein gutes Heu. Ihre Blüten find der Windbeftäubung entfprechend unfcheinbar, in aufrechten oder hängenden Ähren gehäuft. Zu ihnen gehören die **Wollgräfer**, **Eriophorum-Arten**, die ihren Namen den feinen, weißen Haaren verdanken, die erft an der Frucht auswachfen, während fie an den Blüten kurz, diefelben daher unfcheinbar find.

Eriophorum vaginatum. — *Tafel 141.* — Grund-ftändige Blätter zahlreich, dreikantig, rauh, an den Rändern fchneidend, fterben früh ab, ohne jedoch abzufallen. Blüten-fchaft 30—60 cm hoch, 3kantig glatt, mit einem kugeligen Blütenköpfchen, das nach dem Blühen zu einem weißen Woll-köpfchen wird.

Mehrjährig. Blüht März April. Windbeftäubung.
Früchte mit Haarfchopf, Mai Juni: Windverbreitung.
Alpen, Jura, Vogefen, Mittel- und Nordeuropa; Au-vergne, Cevennen, Pyrenäen.

Eriophorum alpinum. — **Alpen-Wollgras.** — Höch-ftens 20 cm hoch. Die kriechenden Wurzelftöcke bilden dichte Rafen, aus denen fich viele dünne, unterwärts kurz beblätterte Stengel erheben. Wollhaare der Früchtchen kaum 2 cm lang, gefchlängelt.

Mehrjährig. Blüht April Mai. Windbeftäubung.
Früchte mit Haarfchopf, Juni Juli: Windverbreitung.
Kurzrafige Moore.
Tiefland bis 2000 m.
Alpen, Jura, Vogefen bis Nord-deutfchland, Auvergne.

Eriophorum alpinum

Torfmoore der Ebene bis 2200 Meter.

Eriophorum vaginatum.
Linaigrette à gaine.

Scheidiges Wollgras.
Hare's-tail-rush.

Felsen, Geröll 1200–2500 Meter.

Aspidium Lonchitis.
Aspidium lonchite.

Lanzen-Farn.
Holly-fern.

Die **Farne (Filices)** haben weder Blüten noch eigentliche Samen. Ihre Hauptentwicklung liegt in den Blättern, die meift fiederförmig geteilt find. Auf ihrer Unterfeite tragen fie zahlreiche Häufchen kleiner, eben noch fichtbarer grüner Behälter, welche bei der Reife platzen und einen braunen, aus kugeligen, einzelligen Gebilden, den *Sporen* beftehenden Staub austreten laffen. Jede diefer Sporen kann auf feuchtem Boden zu einem kleinen, Lebermoos-artigen, der großen Farnpflanze völlig unähnlichen Pflänzchen *(Prothallium)* heranwachfen, das männliche und weibliche Organe trägt. Aus der befruchteten Eizelle geht dann wieder das beblätterte Farnkraut hervor. Das Prothallium ift auch noch bei den Blütenpflanzen vorhanden, allerdings nur noch als ein unfelbftändiges Organ der Blüte.

Die Farne find heutzutage nur noch in den Tropen mächtig, oft als Bäume entwickelt. In der Erdperiode, in welcher die Steinkohle abgelagert wurde (Steinkohlenzeit, Carbon), bildeten fie die Hauptvegetation.

Aspidium Lonchitis. — *Tafel 142.* — Dicker, fchwarzer Wurzelftock mit einer Rofette von 10—40 cm langen, ausgebreiteten, lederigen, fiederteiligen Blättern mit lanzettlichen, etwas gekrümmten und gezähnten Abfchnitten. Sporenhäufchen in einer Reihe zu beiden Seiten des Mittelnervs eines Blattabfchnittes.

Mehrjährig. Sporenreife Juli. Windverbreitung.
Alpen, Jura, Vogefen, Schwarzwald, Harz, Riefengebirge etc., Cevennen, Pyrenäen.

Aspidium Dryopteris. — **Eichenfarn.** — Blätter doppelt fiederteilig, auf hohen, fchwarzen Stielen, im Umriß dreieckig, entfpringen voneinander entfernt aus dem wagerecht kriechenden Wurzelftock.

Mehrjährig.
Sporenreife Juni Juli.
Windverbreitung.
Im Moos fchattiger Wälder und Felfen.
Mitteleuropa, Alpen, Pyrenäen.

Polypodium Dryopteris

Botrychium Lunaria. — *Tafel 143 A.* — Kurzer Wurzelſtock mit einem aufrechten, 5—20 cm hohen, etwas fleiſchigen,
fiederteiligen Blatt. Untere Partie desſelben grün mit halb-
mondförmigen Abſchnitten. Vom Grunde dieſes grünen
Blattteiles erhebt ſich eine gelbliche Blattpartie mit ſehr
ſchmalen, die Sporenhäufchen tragenden Abſchnitten.

Mehrjährig.

Sporenreiſe Juni bis Auguſt. Windverbreitung.

Durch ganz Europa und Aſien bis Kamtſchatka, Nordamerika, Grönland, Patagonien, Südauſtralien,
Tasmanien.

Asplenium septentrionale. — *Tafel 143 B.* — Bildet
dichte Raſen von 5—15 cm Höhe. Blätter dunkelgrün, in
wenige, aufrechte, keilförmige Abſchnitte gegabelt. Blatt-
unterſeite von den Sporenhäufchen vollſtändig bedeckt.

Mehrjährig. Sporenreiſe Juni. Windverbreitung.

Nur auf Urgeſtein (vgl. I. Teil S. 41).

Nord- und Mitteleuropa, Gebirge der Mittelmeerländer,
Nord- und Mittelaſien bis Himalaya, Gebirge von
Neu-Mexiko.

Asplenium viride. — **Grüner Streifenfarn.** — Bildet
5—15 cm hohe Büſche. Blätter
lang, fiederteilig, mit rundlichen, fein
gekerbten Abſchnitten an grüner
Spindel. Sporenhäufchen ſtreifen-
förmig.

Mehrjährig.

Sporenreiſe Auguſt.

Windverbreitung.

Spalten ſchattiger, feuchter Felſen,
besonders auf Kalk.

1200 bis 2500 m.

Gebirge von Mitteleuropa und der
Mittelmeerländer, Nordaſien,
Himalaya, Nordamerika.

Asplenium viride

Trockene Weiden
1000-2800 Meter.

Spalten der Urgesteins-Felsen
600-2500 Meter.

A. Botrychium Lunaria.
Mond-Raute.
Botryche en croissant.
Moonwort.

B. Asplenium septentrionale.
Nordischer Streifenfarn.
Doradille septentrionale.
Northern Spleenwort.

Schattige Felsen und Wälder
1200–2300 Meter.

Torfige Wälder, feuchte Rasenplätze bis 2300 Meter.

A – **Lycopodium Selago.**
Tannen-Bärlapp.
Sélagine.
Fir-moss.

B. – **Lycopodium clavatum.**
Keulen-Bärlapp.
Mousse-serpent, Lycopode à massue.
Wolf's claw, Club-mosse.

Die **Lycopodiaceen** oder **Bärlappgewächfe** gehören auch zu den Farnpflanzen. Sie haben das Ausfehen grofaer Moofe, bilden jedoch nie wie jene geftielte Sporenkapfeln. Ihre Sporenbehälter fitzen zwifchen den Blättern der Zweigenden, die fich trotzdem von den unteren Stengelteilen zuweilen nicht unterfcheiden *(Lycopodium Selago)*; zuweilen find jedoch die fporentragenden Blätter kleiner, so daß ein zäpfchenartiges Gebilde entfteht *(L. clavatum)*.

Lycopodium Selago. — *Tafel 144 A.* — Büfche von 10—20 cm Höhe, mit zuerft niederliegenden, dann plötzlich aufgerichteten, dicht beblätterten Stengeln. Blätter lederartig, dunkelgrün, kurz, fpitz und vorwärts gerichtet; die fporentragenden von den unfruchtbaren nicht verfchieden.

Mehrjährig. Sporenreife Juli. Windverbreitung.
Schattige Felfen, Wälder und Weiden.
1200—2300 m.
Über die ganze Erde verbreitet, nach den Polen, wie
    auf den Gebirgen bis zur Grenze des Pflanzenwuch-
    fes; in den Tropen nur auf den höchften Gebirgen.

Lycopodium clavatum. — *Tafel 144 B.* — Stengel kriechend, fehr lang, ftark verzweigt, überall wurzelnd, rafenbildend, wie die Äfte von fchmal dreieckigen, abftehenden oder rückwärts gekrümmten, weichen, hellgrünen Blättern dicht befetzt, die in eine weiße Haarfpitze auslaufen. Sporenbehälter am Grunde kleinerer, gelbgrüner Blättchen, zu länglichen Zäpfchen vereinigt. Meift 2—3 folche am Ende eines verlängerten, kleinblättrigen, aufrechten Stieles.

Mehrjährig. Sporenreife Juli. Windverbreitung.
Moorige Wälder, magere feuchte Matten, befonders
    auf Urgeftein.
Ebene bis 2300 m.
Alpen, Gebirge von Mitteleuropa, Pyrenäen.